宠物人兽共患传染病防控科普宣传技术手册

张运祝　范　杰　刘茹茵　主编

中国农业科学技术出版社

图书在版编目（CIP）数据

宠物人兽共患传染病防控科普宣传技术手册／张运祝，范杰，刘茹茵主编. --北京：中国农业科学技术出版社，2023.9
ISBN 978-7-5116-6432-7

Ⅰ.①宠…　Ⅱ.①张…　②范…　③刘…　Ⅲ.①人畜共患病–传染病–防治–手册　Ⅳ.①R442.9-62②S855-62

中国国家版本馆 CIP 数据核字（2023）第 174822 号

责任编辑	倪小勋
责任校对	马广洋
责任印制	姜义伟　王思文

出 版 者　中国农业科学技术出版社
　　　　　北京市中关村南大街 12 号　　邮编：100081
电　　话　(010) 82105169 (编辑室)　　(010) 82109702 (发行部)
　　　　　(010) 82109709 (读者服务部)
网　　址　https://castp.caas.cn
经 销 者　各地新华书店
印 刷 者　北京建宏印刷有限公司
开　　本　145 mm×210 mm　1/32
印　　张　7
字　　数　160 千字
版　　次　2023 年 9 月第 1 版　2023 年 9 月第 1 次印刷
定　　价　48.00 元

《宠物人兽共患传染病防控科普宣传技术手册》

编写委员会

主　　任	张春明
副 主 任	向敬阳　侯　进　郑　禾　陈翊栋
主　　编	张运祝　范　杰　刘茹茵
副 主 编	蒋伟娇　王丽梅　袁志军

编写人员（以姓氏拼音为序）

陈　希	丁丽丽	董富浩	范　杰
冯国文	郭建立	郭宇萌	蒋伟娇
孔垂智	李思伟	刘　锋	刘明园
刘茹茵	马　峥	钱　磊	唐艳荣
王丽梅	魏　燕	吴姣姣	严亚军
袁志军	岳振宇	张　倩	张海云
张小梅	张运祝	周长青	

主　　审	杨秀环

前　言

　　近年来，随着人们生活水平的提高，宠物业飞速发展，宠物种类也越来越多。宠物饲养主要以犬和猫为主，还包括观赏马、羊驼、观赏鸽、观赏鸟、宠物兔、宠物猪、龙猫、仓鼠、观赏龟、观赏鱼、蜥蜴等。宠物与人类的关系日益密切，宠物人兽共患传染病的有效防控，成为宠物及人类健康的关键。目前，全世界已证实的人兽共患传染病约有 200 种，我国至今已发现 160 多种。人兽共患传染病大多源于宠物，不仅危害宠物的健康，而且严重威胁人体健康。在日常工作中，笔者发现人们对宠物人兽共患传染病缺乏认识及防控意识，同时也缺少了解和学习相关知识的有效途径。

　　鉴于宠物人兽共患传染病的潜在生物安全威胁，结合《中华人民共和国动物防疫法》第十三条第二款规定："各级人民政府和有关部门、新闻媒体，应当加强对动物防疫法律法规和动物防疫知识的宣传。"北京市海淀区农业技术综合服务中心组织了动物防疫工作者全面解析人兽共患传染病的定义、病原特性、流行病学、临床变化、预防和公共卫生危害等基本知识，准确掌握国内、国际标准规范和相关法律法规，编写了《宠物人兽共患传染病防控科普宣传技术手册》一书，旨在为人们了解人兽共患传染病知识提供材料，同时也为规范人兽共患传染病防控工作和防控实践提供参考。

书中对于病种的设置，一是根据2022年农业农村部最新发布的《人畜共患传染病名录》中与宠物人兽共患传染病相关的所有病种；二是根据北京市海淀区农业技术综合服务中心在实际工作中通过流行病学调查、疫情排查、调研等方式确定除《人畜共患传染病名录》以外的其他病种。

本书在编写过程中，查阅了大量资料，得到了有关大专院校、科研机构和动物疫病预防控制机构专家、学者的大力支持，在此向专家、学者和被引用参考书的作者们表示诚挚的谢意。

由于编者水平有限，书中遗漏之处难免，敬请专家、学者及读者批评指正。

目　录

第一章　宠物人兽共患传染病概念及危害 ……… 1

第一节　宠物与宠物人兽共患传染病的概念 ……… 1

第二节　宠物人兽共患传染病流行特征 ……… 3

第三节　常见宠物人兽共患传染病的危害 ……… 12

第二章　宠物人兽共患传染病的公共卫生安全与防控 ……… 16

第一节　宠物人兽共患传染病的公共卫生安全 ……… 16

第二节　宠物人兽共患传染病的预防与控制 ……… 20

第三章　病毒性宠物人兽共患传染病 ……… 24

第一节　狂犬病 ……… 24

第二节　高致病性禽流感 ……… 30

第三节　流行性乙型脑炎 ……… 35

第四节　流行性出血热 ……… 40

第五节　猴　痘 ……… 43

第六节　尼帕病毒性脑炎 ……… 46

第四章　细菌性宠物人兽共患传染病 …………… 50

第一节　布鲁氏菌病 ………………………… 50

第二节　炭疽病 ……………………………… 54

第三节　钩端螺旋体病 ……………………… 57

第四节　结核病 ……………………………… 61

第五节　沙门氏菌病 ………………………… 65

第六节　鼠　疫 ……………………………… 68

第七节　鼻　疽 ……………………………… 72

第八节　类鼻疽 ……………………………… 75

第九节　李斯特菌病 ………………………… 78

第十节　猫抓病 ……………………………… 81

第十一节　链球菌病 ………………………… 84

第五章　寄生虫性宠物人兽共患传染病 ………… 87

第一节　弓形虫病 …………………………… 87

第二节　利什曼原虫病 ……………………… 90

第三节　旋毛虫病 …………………………… 93

第四节　棘球蚴病 …………………………… 96

第五节　囊尾蚴病 …………………………… 98

第六节　蛔虫病 ……………………………… 101

第七节　日本血吸虫病 ……………………… 103

第八节　华支睾吸虫病 ……………………… 106

第九节　姜片吸虫病 ………………………… 108

　　第十节　蜱　病 ……………………………………………… 111

　　第十一节　疥螨病 ………………………………………… 113

第六章　真菌性宠物人兽共患传染病 ……………………… 116

　　第一节　皮肤癣菌病 ……………………………………… 116

　　第二节　隐球菌病 ………………………………………… 120

　　第三节　芽生菌病 ………………………………………… 124

第七章　其他宠物人兽共患传染病 ………………………… 129

　　第一节　衣原体病 ………………………………………… 129

　　第二节　Q 热 ……………………………………………… 133

　　第三节　莱姆病 …………………………………………… 138

附录1　相关法律法规技术规范 …………………………… 145

附录2　健康犬、猫常用生理数字 ………………………… 204

附录3　健康犬、猫血常规参考值（检测仪器：
　　　　希森美康 XN 1000V） ……………………………… 206

附录4　健康犬、猫生化参考值（检测仪器：
　　　　罗氏 Cobas c501） ………………………………… 208

主要参考文献 ………………………………………………… 210

第一章　宠物人兽共患传染病概念及危害

第一节　宠物与宠物人兽共患传染病的概念

一、宠物的概念

宠物又称为"伴侣动物"，是用于观赏、陪伴、舒缓人们精神压力所饲养或管理的动物。人类驯养动物已经有7 000年的历史，最初驯养动物是用来消灭对人类有害的动物，这种驯养直到18世纪后期开始逐渐普及。随着驯养程度加深，人类与动物之间信赖、依赖程度也随之提高，动物也逐渐成为深受人们喜爱的伴侣动物，甚至家庭中的一员。当今社会，随着时代发展、我国独生子女家庭增多、人口老龄化等社会问题的出现，对孤独、残疾、丧失生活能力等人群关心的社会化程度也越来越高。人们生活水平、精神追求的提高和休闲时间的增多，使宠物的数量逐步增加，宠物的涉及范围逐渐扩大。现实生活中的宠物种类包罗万象，按照动物学分类可划分为哺乳类宠物、爬行类宠物、鸟类宠物、鱼类宠物和昆虫类宠物等。日常生活中，哺乳类宠物主要包括犬、猫、兔、鼠、马、羊驼等；爬行类宠物主要包括龟、蛇、蜥蜴等；鸟类宠物主要包括鸽子、八哥、金丝雀、画眉、相思鸟、百灵、鹦鹉等；鱼类宠物主要包括锦鲤、金鱼、热带鱼、海洋观赏鱼、龙鱼等；昆虫类宠物包括蝈蝈、蟋蟀、蝴蝶、蜻蜓、蚕等。人与伴侣动物之间的相互影响、相互作用已成为日益重要的研究课题。澳大利亚、德国等国家的科学家通过研究充分证明，宠物对人体健康起着积极作用。

二、宠物人兽共患传染病概念

世界卫生组织（WHO）定义人兽共患传染病是指人和脊椎动物由共同病原体引起的、又在流行病学上有关联的疾病。世界动物卫生组织（WOAH）定义人兽共患传染病是指所有来源于动物的人类传染病或疾病。人兽共患传染病除了涉及家畜家禽以外，还包括野生动物和两栖类等，比人畜共患病更为广义。随着人们生活水平的提高，宠物业日渐发达、成熟，人们与宠物的关系密切，同时带来的宠物人兽共患传染病问题也接踵而至。据统计，与宠物犬、猫有直接或间接关系的疫病达到70余种。如狂犬病、弓形虫病、绦虫病、蛔虫病、血液虫媒病、螨虫病、布鲁氏菌病等。宠物人兽共患传染病伴随着人类社会并与之共同发展，不仅危害宠物健康，也威胁到人类生命财产安全。

宠物人兽共患传染病可以分为五大类。一是由病毒引起，一般无特效疗法，只能对症治疗。病毒性人兽共患传染病种类繁多，较难诊治，预防起来有一定困难，这类疾病对人类危害严重，甚至可以造成死亡，是目前威胁人类健康的重大难题。二是由立克次氏体、衣原体等引起的人兽共患传染病。立克次氏体、衣原体是一种致病性微生物，比病毒体形大、比细菌小，用抗菌药物可以杀灭。三是由细菌引起的人兽共患传染病。病原菌可以利用外界营养进行繁殖，一般诊断可以通过显微镜观察到，使用抗菌药物可以控制其发生和发展。四是由真菌引起的人兽共患传染病。真菌比细菌进化程度更高，人与动物一旦感染，较难根治，可以用抗真菌药物控制。五是由寄生虫引起的人兽共患传染病。这类疾病较为复杂，病原主要包括昆虫、原虫、线虫、吸虫、绦虫等，病原不同导致其传播途径、寄生对象、临床症状等均不同，一般可用杀虫药物杀灭。

第二节　宠物人兽共患传染病流行特征

一、宠物人兽共患传染病流行的基本条件

传染病不仅在动物个体发生，而且会引起动物群体发病。病原微生物从传染源排出，经过呼吸道、消化道等传播途径，传入其他易感动物体内形成新的传染，并不断传播直到终止的过程就是传染病流行过程。宠物人兽共患传染病传播需要三大要素：传染源、传播途径和易感动物。只有当三者连接起来，

才能构成传染病的流行链条，传染病的流行才可能发生，链条中的三个条件缺少任何一个，传染病的流行都不可能发生，这是动物传染病的流行规律。

（一）传染源

传染源是指某种传染病的病原体在其体内寄居、生长、繁殖，并能排出体外的动物机体。传染病的病原微生物生存需要一定的环境条件，它在受感染的动物体内不仅能栖居繁殖，还能持续排出。而被病原体污染的各种外界环境因素，如饲料、水源、空气、土壤等，由于缺乏恒定的温度、湿度、酸碱度和营养物质，加上自然界很多物理、化学、生物因素的杀菌作用等，不适合病原体较长期的生存、繁殖，也不能持续排出病原体，因此都不能认为是传染源，而是传播媒介。具体说传染源就是受感染的动物，包括传染病患病动物和病原携带者。

1. 患病动物

患病动物是重要的传染源。处于不同发病时期的患病动物，作为传染源的作用不同。处于前驱期和症状明显期的动物作为传染源的作用最大，这两个时期患病动物会出现临床症状，且能够排出病原体。如果前驱期或症状明显期的动物处于急性过程或者病程转剧阶段，则可排出大量毒力强大的病原体。潜伏期和恢复期的患病动物是否具有传染源的作用，会根据不同病种有所差异。

2. 病原携带者

病原携带者是指外表无症状但是携带并能排出病原体的动物。病原携带者排出病原体的数量比患病动物少，但因为病原携带者缺乏症状所以不易被发现。在动物运输过程中，如果检疫不严，还可以将病原散播到其他地区。因此有时候病原携带者可以成为非常重要的传染源。病原携带者一般分为潜伏期病原携带者、恢复期病原携带者和健康病原携带者。

（1）潜伏期病原携带者

潜伏期病原携带者是指感染后到临床症状出现前能排出病原体的动物。在该时期，大部分传染病的病原体数量较少，一般情况下也不具备排出条件，因此起不到传染源的作用。但有少数传染病，如狂犬病在潜伏期后期能够排出病原体，此时就具备了传染性。

（2）恢复期病原携带者

恢复期病原携带者是指在临床症状消失后，仍能排出病原体的动物。一般情况下，该时期的传染性已经逐渐下降或者已无传染性了，但仍有部分传染病如布鲁氏菌病，在临床症状消失后的恢复期仍能排出病原体。很多传染病的恢复阶段，动物机体免疫力增强，虽然临床症状消失了，但体内的病原还未完全清除，因此对于这种恢复期病原携带者应该对过去病史进行调查，并多次进行病原学检查。

（3）健康病原携带者

健康病原携带者是指以前未患过某种传染病，但是却能够排出该种病原体的动物，只能通过实验室方法检测出来。一般认为健康病原携带者是隐性感染的结果，这种携带病原体的状态是短暂的，因此作为传染源来说影响有限。但沙门氏菌等人兽共患传染病的健康病原携带者很多，也可成为重要的传染源。

（二）传播途径

传播途径是指病原体从传染源排出体外后，经过一定的传播方式，再到达、侵入其他易感动物所经的途径。宠物人兽共患传染病的传播途径主要包括直接接触传播、间接接触传播和虫媒传播等。了解传染病传播途径目的在于切断病原体继续传播的途径，防止易感动物受到传染。

1. 直接接触传播

直接接触传播是指在没有任何外界因素的参与下，病原体通过传染源（被感染的动物）与易感动物直接接触而引起的传播方式。直接接触的方式主要有交配、咬伤、舔舐、抓伤等。狂犬病是这类传播途径的代表，通常只有被患狂犬病的动物直接咬伤，病毒随着唾液带进伤口，才可能被传染上狂犬病。以直接接触为主要传播方式的传染病为数不多，它的流行特点形成明显的连锁状，即一个接一个的发生。连锁状传播使疾病的传播受到限制，一般不容易造成广泛的流行。

2. 间接接触传播

间接接触传播是指必须在外界环境因素的参与下，病原体通过传播媒介感染易感动物的方式。间接接触传播主要通过空气、污染的饲料和水、污染的土壤、活的媒介等途径传播。

（1）空气传播

虽然病原体不适宜生存在空气中，但它可以在一定时间内短暂留存于空气中，因此空气可作为病原体传染的媒介物。空气传播主要是以飞沫、尘埃为媒介。

①飞沫传染。飞沫传染指带有病原体的微细泡沫飞散在空

气中进而散播形成的传染。呼吸道传染病主要是通过飞沫传染。动物正常呼吸时，一般不会喷出飞沫，只有当呼出强气流时（如咳嗽、打喷嚏）才会喷出。患病动物呼吸道会聚集很多渗出液，渗出液刺激机体发生咳嗽或者打喷嚏，这一过程产生的强气流将带有病原体的渗出液从呼吸道喷射出来形成飞沫，飞沫在空气中漂浮，可感染其他易感动物。飞沫传播受时间和空间的限制，但由于传染源和易感动物不断转移和集散，到处喷出飞沫，所以很多经飞沫传播的呼吸道传染病会引起大规模流行。一般来说，在温暖、光亮、干燥、通风良好的环境中，飞沫漂浮的时间较短，飞沫中的病原体死亡较快；而在低温、阴暗、潮湿、通风不良的环境中，飞沫漂浮的时间较长，飞沫中的病原体死亡较慢，飞沫传播的作用时间较长。

②尘埃传染。尘埃传染是指从传染源排出的分泌物、排泄物或者散布在外界环境中的病原体附着物，经过干燥后，在空气流动冲击的作用下，病原体附着的尘埃在空气中飘扬，被易感动物吸入而导致的感染。由于大部分病原体在外界很难耐受干燥环境或阳光暴晒，因此虽然尘埃传染可以随着空气流动转移到其他地区，它的传染时间和空间范围比飞沫传染要大，但实际上尘埃传染的传播作用比飞沫传染要小。尘埃传染的人兽共患传染病有炭疽病、结核病等。

（2）经污染的饲料和水传播

传染源的分泌物、病死动物尸体及流出物等污染了饲料、牧草、食槽、水池、水桶等或由用具、车辆等间接污染了饲料、饮水，进而传染给易感动物。经污染的饲料和水为传播媒介的人兽共患传染病主要是以消化道为主要侵入门户，如沙门氏菌病、结核病等。

（3）经污染的土壤传播

有些人兽共患传染病的病原微生物可以随着患病动物的排泄物、分泌物或者尸体一起落入土壤，并能在土壤中生存很久，可以通过土壤中的病原微生物感染易感动物而引起的传染病有炭疽病、破伤风等。

（4）经活的媒介物传播

①经节肢动物传播。节肢动物中可以作为人兽共患传染病的媒介者主要包括虻类、舌蝇、家蝇、蜱、蚊等。虻类主要分布于草原、森林、沼泽等，在温暖季节最为活跃；舌蝇主要生活在畜舍附近；家蝇可以通过接触患病动物的排泄物、分泌物、尸体、饲料等将病原体传播给健康动物，尤其是传播一些消化道传染病；蚊可以将病原体在短时间内传播到很远的地方。其传播方式可以是机械性传播和生物性传播。机械性传播是指部分节肢动物通过刺螯吸食患病动物和健康动物血液，将病原体散播开来。在这一过程中，节肢动物吸血后，血中的病原体污染其口器，病原体在其体内并不发育或繁殖，当它叮咬其他动物或人类时，将病原体传入新的易感者。生物性传播是指有些病原体在感染动物前，必须先在特定的节肢动物体内经过发育、繁殖后才能感染易感者。

②经野生动物传播。野生动物可以作为易感动物，在感染病原体后起到传染源的作用，再传染给其他动物或人类。如狼、狐狸、吸血蝙蝠等将狂犬病传染给家养动物，鼠类传播沙门氏

菌、布鲁氏菌病、钩端螺旋体、伪狂犬病等，野鸭传播鸭瘟等。还有一些野生动物对该病原体没有易感性，仅作为机械性传播。如乌鸦在啄食患炭疽病动物的尸体后，排出含有炭疽杆菌芽孢的粪便。

③经人类传播。饲养人员和兽医工作者在日常工作中，很容易因为消毒不严格、防控措施不到位等原因传播病原体。例如进出圈舍时，可将鞋底、衣服等沾染的病原体传播给健康动物。有一些人兽共患传染病如结核病、血吸虫病等，人也可以作为传染源传播给健康动物。

（三）易感动物

易感动物是指对某种病原微生物具有易感性的动物。易感性是指个体对某种病原微生物感染性的大小，是对病原微生物缺乏抵抗力、容易被感染的特性。易感性的高低主要由动物的遗传特征、特异免疫状态等因素决定，还与病原微生物的种类、毒力强弱和外界环境条件等有关。

影响易感性的因素：一是动物群体的遗传和年龄等内在因素。遗传会决定不同种类、品种的动物对于同一种病原微生物的抵抗力和感染后表现症状的差异；年龄与动物特异性免疫状态相关，年轻动物的易感性比老龄动物低。二是饲养管理因素等动物群体的外界因素。饲养管理中的温度、湿度、光照、营养、饲喂方式、喂食量等都会影响到动物的抵抗力，从而影响易感性。三是与特异性免疫状态有关。获得母源抗体或者通过免疫接种而获得特异性免疫的动物，对该种传染病的易感性较低。当某些疾病流行时，动物群体中易感性最高的个体容易死亡，剩下的动物已经耐受或者经过无症状感染获得了特异性免疫，当流行之后，该地区的动物群体易感性降低，疾病会停止流行。这些动物后代常会获得先天性被动免疫，幼龄动物会具有一定免疫力。动物群体的免疫性并不要求群体中每一个成员都有抵抗力，一般如果群体中有70%~80%的动物有抵抗力，就不能发生大规模的暴发流行。

易感动物个体在群体中所占的百分率和易感性的高低，直接影响到传染病是否能够造成流行以及疫病的严重程度。动物群体易感性升高的主要原因：一是群体免疫力下降；二是新生幼龄动物或新引进动物的比例增加；三是免疫接种失败或群体免疫数量不达标；四是饲养管理不当；五是动物老龄化。

二、宠物人兽共患传染病的基本特征

宠物人兽共患传染病的基本特征是所有传染病特有的共同特点，可以作为传染病和非传染病的鉴别依据。但其特有征象可作为判定是否为人兽共患的先决条件。

（一）病原体

宠物人兽共患传染病大部分都有特异的病原体，少部分病原体至今仍不明确，还有一些新发的病原体，原来认为没有致病性的微生物，现已证明可以引起人兽共患传染病，甚至会导致流行暴发。宠物人兽共患传染病的病原体大多数有特定的侵犯部位，它们在机体内增殖，其散播有阶段性规律。根据这些规律开展分离或者检测工作，可以尽早发现病原体并证实其性质。

（二）传染性

人和宠物感染后，病原体可以通过鼻腔、唾液、乳汁、尿液、粪便、生殖器分泌物等多种途径排出体外，再通过一定的媒介进入易感动物和易感人群体内。大多数宠物人兽共患传染病都是感染而获得，并可以传播给其他宿主。就个体而言，除了病原体致病性及侵袭力强弱之外，是否存在宿主、是否具备传播媒介、机体内外条件是否适当等，是决定宠物人兽共患传染病流行的重要条件。

（三）流行性、季节性、地方性和职业性

宠物人兽共患传染病可以在宿主之间散发，也可以连续传播造成不同程度的流行。短时间内如数周内，集中发生多起病例称为暴发。当流行性范围超越国界，甚至超越洲界时，称为大流行。由于自然地理条件和社会条件，一些宠物人兽共患传染病只在一定地区流行称为地方性流行，只在某种气候条件下流行称为季节性流行。有些宠物人兽共患传染病由于中间宿主的存在、地理条件、气温条件、生活习性等因素影响，呈现自然地理分布特点，常限于一定地区范围内发生。比如我国布鲁氏菌属羊型菌主要分布在内蒙古、黑龙江、吉林、陕西、青海等地，而布鲁氏菌属牛型菌主要分布在新疆伊宁等。一些宠物人兽共患传染病的发病率与季节性相关，比如因夏秋季节蚊虫大量繁殖，导致虫媒病发病率高峰常见于夏秋季。

（四）免疫性

感染宠物人兽共患传染病痊愈之后，大多数病例可以获得对该病原体的特异性细胞免疫及体液免疫，当再次遇到相同病原体侵入时，可以获得免疫保护而不再感染。免疫力能够持续的时间长短不一，如果病原体抗原性强，则感染后免疫力持久，甚至可以获得终身免疫；如果抗原性所激发的免疫力较弱，则再次感染时很难得到保护。有些病原体其抗原结构复杂，虽然能够引起某种特异性免疫应答，使机体得到某种程度上的保护，但是病原体会继续生存，表现为伴随免疫，如某些原虫感染等。

第三节　常见宠物人兽共患传染病的危害

人兽共患传染病是传染性疾病新现的主要形式，过去 10 年超过 2/3 的新现疾病来源于动物，因此人兽共患传染病成为现今最大的公共卫生威胁之一。很多人兽共患传染病是人与动物的烈性传染病，既可在动物与动物或者人与人之间的同源性链中传播，又可在动物与人或者人与动物的异源性链中流行，严重威胁人类的健康乃至生命。例如曾经给人类带来重大灾难的鼠疫、霍乱、天花、伤寒等烈性传染病，以及仍然威胁着我国人民健康的狂犬病、弓形虫病、布鲁氏菌病、高致病性禽流感等人兽共患传染病。人兽共患传染病不仅危害动物、人类的生命和健康，还严重冲击旅游、畜牧、贸易、餐饮、服务等行业的发展，给国民经济造成重大影响，甚至会使经济大倒退。

自 20 世纪 70 年代以来，在全球范围内先后发现新发生的传染病有 43 种，我国存在或潜在的有 20 余种。这些新发现的传染病中绝大多数为动物源人兽共患传染病，其表现为传染性强、流行范围广、传播速度快、发病率与病死率高、危害性巨大。随着人民生活水平的提高，在我国，宠物逐渐成为人们越来越密切的伴侣，但由于饲养宠物的人群越来越多，饲养种类复杂多样，饲养水平、卫生条件参差不齐，宠物饲养者缺乏疫病防控与健康安全基本知识等现实问题，使宠物人兽共患传染病发生风险增加，对人类和动物的生命安全和财产安全均构成威胁，应高度警惕。

一、狂犬病的危害

狂犬病是由狂犬病病毒引起的一种人兽共患的急性传染病。狂犬病易感动物主要包括犬科、猫科及翼手目动物。全球范围内99%的人间狂犬病由犬引起，犬狂犬病疫情控制较好的国家的主要传染源为蝙蝠、狐等野生动物。大多数人间狂犬病病例是被患狂犬病的动物咬伤所致，少数是被抓挠或伤口黏膜受到污染所致，均可引起严重的进行性脑炎、脊髓和脊神经根炎，临床大多表现为特异性恐风、恐水、咽肌痉挛、进行性瘫痪等。近年来，狂犬病报告死亡数一直位居我国法定报告传染病前列，给人民群众生命健康带来严重威胁。

二、高致病性禽流感的危害

高致病性禽流感是由 A 型禽流感病毒的高致病力毒株引起的一种禽类急性、高度传染性疾病。该病在全世界范围内发生，发病急、传播快、发病率和死亡率都很高，被世界动物卫生组织列为 A 类传染病，我国列为一类动物疫病。该病可以引起鸡、火鸡、鸭、鹅、水禽、野鸟等家禽和野禽的感染，除此之外，包括人在内的哺乳动物也可感染。1997 年中国香港一名 3 岁男童体内分离出甲型流感病毒，同年 8 月确诊为全球首例由 A 型（H5N1）禽流感病毒引起的人间病例，至当年底，中国香港共发生 18 例确诊病例，其中死亡 6 例。这些病例证实了 H5N1 病毒能够感染人类，并且有很高的致死率。2013 年 3 月在人体上首次发现了禽流感 H7N9 亚型。动物和人感染高致病性禽流感病毒，不仅会影响禽类产品的安全和国际贸易，还会引起感染人群的高病死率，引发严重的公共卫生问题，对人类健康造成极大威胁。

三、布鲁氏菌病的危害

布鲁氏菌病是由布鲁氏菌引起的人兽共患传染病，可感染牛、羊、猪、犬等动物。布鲁氏菌病的特征为生殖器官和胎膜发炎，可引起各种组织的局部病灶，流产，不育等。一般认为患病羊、牛、猪为主要传染源，犬对这三种主要布鲁氏菌经常呈现隐性感染，人类可通过食入、接触、吸入等传播途径感染。人类感染布鲁氏菌病以后临床症状多种多样，急性和亚急性病例出现菌血症，主要表现为寒战、盗汗、体温呈波形热，关节炎、神经疼痛、肝脾肿大、睾丸炎、附睾炎等，孕妇可能导致流产。一部分病例经过短期急性发作后就能恢复健康，但有些病例会反复发作，慢性病例通常无菌血症，但可持续多年感染。兽医、饲养管理人员、乳肉及产品加工人员等一线人员感染风险最大，当患病动物流产和分娩时最易感染。该病广泛分布于世界各地，给宠物和人类的健康造成了严重危害。

四、弓形虫病的危害

弓形虫病是由刚地弓形虫寄生所引起的一种人兽共患传染病。刚地弓形虫在宿主免疫功能低下时，可导致严重后果，是一种重要的机会致病原虫。该病宿主范围十分广泛，人和动物的感染率都很高。犬、猫、牛、羊、马、家兔、鸡、鸭等动物都可以感染弓形虫，出现体温升高、精神沉郁、食欲减退、咳嗽、呼吸困难、黏膜苍白、运动失调、下痢、早产和流产等症状。人体感染弓形虫后主要寄生于有核细胞内，引起弓形虫病。人多是无症状的隐性感染。临床可分为先天性和后天性两类，孕妇和免疫功能缺陷者感染弓形虫危害严重，先天性弓形虫感染可造成智力障碍、脑炎、脑膜炎、流产、畸胎或死胎等严重后果；后天性感染最常见，可出现淋巴结肿大、低热、疲倦、肌肉不适、咽喉肿痛、头痛、斑疹、丘疹等症状。近年来，我国家庭饲养宠物数量增多，由犬、猫弓形虫病造成的胎儿畸形也逐渐增多。

第二章 宠物人兽共患传染病的公共卫生安全与防控

公共卫生是通过教育、促进健康的生活方式和研究疾病与伤害预防的一门保障和增强公民健康的科学和艺术，它有助于促进改善局部社会和全球人类的卫生和康乐，致力于在出现卫生问题之前就防止它们发生。人们对公共卫生的定义和对其内涵的认识是现实社会发展和文明程度的体现，公共卫生的定义也具有明显的时代烙印。

我国对公共卫生的定义为"公共卫生就是组织社会共同努力，改善环境卫生条件，预防控制传染病和其他疾病流行，培养良好卫生习惯和文明生活方式，提供医疗服务，达到预防疾病、促进人民身体健康的目的"。

第一节 宠物人兽共患传染病的公共卫生安全

兽医公共卫生是以兽医学的理论为基础，利用一切与人类和动物健康问题有关的理论知识、实践活动和物质资源，研究与动物相关的环境问题，以改善人和动物的生存环境，保障动物健康，预防和控制人兽共患传染病的传播，保护和增进人类身心健康和社会安宁。世界卫生组织的相关委员会对"兽医公共卫生"的定义为"一个群体在从事兽医工作中所采取的一系列措施，而这些措施反过来又影响这门科学的发展，其目标是为了预防疾病、保护生命，促进美满生活及人的生产能力"。兽医公共卫生的宗旨是利用一切与人类和动物的健康问题有关的知识和资源，以及彼此之间的关系，来保护和促进人类的美满生活。

一、宠物人兽共患传染病对人类健康的影响

人兽共患传染病在古代和近代都广泛流行，危害严重，即使当今社会现代医学高度发展，人类也无法完全控制人兽共患传染病的发生和流行。人兽共患传染病可以造成动物及人类大批死亡、残疾或者丧失劳动能力，使感染者生活质量下降，给很多家庭带来灾难、痛苦。当今社会宠物业发展迅速，宠物的数量急剧增加，种类涉及广泛，已不局限于传统的犬、猫等宠物。很多宠物饲养者对宠物过度亲密宠爱，但自身缺乏对疫病防控、卫生、营养、饲养等方面的相关知识，因此容易导致宠物抵抗力下降，宠物人兽共患传染病的发生风险上升，对人类健康构成威胁。根据有关资料报告，目前已知的200多种动物传染病和150多种寄生虫病中，至少200种以上是可以传染给人类的。据统计，全世界约有1/4的人感染弓形虫，7亿多人感

染钩虫病，4亿多人感染丝虫病，3 900万人感染牛带绦虫病，2 700万人感染旋毛虫病，1 000万人感染姜片吸虫病，300万人感染猪带绦虫病，2 000万人感染结核病，每年有100万~300万人因结核病死亡，全世界每年有数万人死于狂犬病，布鲁氏菌病几乎分布世界各地，鼠疫曾导致欧洲1/3的人口死亡。1994年和1998年出现的尼帕病毒，使百余人丧生，致死率达到40%以上。1997年以来高致病性禽流感病毒在一些国家频频发生感染、致病并导致人员死亡。1997年和2005年东南亚发生H5N1高致病性禽流感病毒，造成至少几十人死亡，WHO发出警告全球将有1.5亿人的健康受到威胁。在我国，人兽共患传染病危害也很严重。据1900—1949年的不完全统计，我国鼠疫发病人数达115.6万人、死亡102.9万人。结核病患病率平均为4%，死亡率达0.2%以上。血吸虫病患者达1 100万人以上，钩虫病患者达2亿多人，丝虫病患者达300万人以上，利什曼原虫病患者达50万人以上。据20世纪60年代有关资料显示，布鲁氏菌病在牧区和半牧区危害严重，在某牧区主要从业人员感染率高达35.1%~49.5%。每年国家卫生健康委公布的全国重点传染病疫情中，狂犬病的死亡人数和病死率都比较靠前。

二、影响经济发展和社会稳定

人兽共患传染病的暴发，会直接影响到人类正常的社会生活和社会秩序，也影响人们的思维方式和行为方式。在历史上，一旦暴发人兽共患传染病，通常会导致社会混乱无序。2 400多年前雅典暴发鼠疫，人们无法防范，医疗技术毫无办法，大量居民只能在痛苦和恐惧中死亡，在这种极度无力和恐惧的情况下，人们开始放纵自己，追求快乐，雅典的社会秩序陷入混乱，违法乱纪情况大量出现，神灵的信仰和法律都无法约束人们了。在中世纪欧洲的人兽共患传染病流行时期，整个欧洲都笼罩在恐惧的氛围中，很多人都信奉迷信邪说，阻碍了科学研究。在中国历史上也是如此，人们往往把瘟疫和鬼神联系起来，认为瘟疫是瘟神疫鬼在作怪，当人们的思想偏离了正常轨道，行为不受任何约束后，将给疾病的预防和控制工作带来不利的影响。

人兽共患传染病具有全球性特征，无论它原发于哪个国家，都会对这些地区乃至全世界的经济带来严重影响。首先，人兽共患传染病对畜牧业的危害和损失巨大，包括直接损失和间接损失。直接损失主要为疫病造成大批动物死亡、废弃、畜禽产量减少、产品质量下降等，间接损失为采取预防、控制、消灭和贸易限制等防控措施带来的损失。人兽共患传染病可以使动物肉、皮毛、乳品等产品质量和生产性能下降20%～60%，据统计，我国每年因动物疫病给畜牧业造成的损失超过200亿元。其次，人兽共患传染病对国际贸易也产生了影响。严重急性呼吸综合征（SARS）的流行曾导致我国进出口贸易出现严重损失，其中出口损失为5%～10%。人兽共患传染病对旅游业、航空业、金融证券、保险、房地产、文化等各领域产业都造成了不同程度的影响，如2003年SARS严重冲击了旅游业，还影响了新股发行等，导致我国GDP的增长比预期低了1%～2%。同时人兽共患传染病感染人类，导致劳动力减少，经济产出减少，而消费的收缩和储蓄增加使消费在短期内减少，导致经济下滑。

人兽共患传染病的治疗和预防费用也是无法估量的，也会导致巨大的经济损失。

第二节　宠物人兽共患传染病的预防与控制

一、依法防治

落实和执行法律法规是防控宠物人兽共患传染病的基本保证，兽医行政部门要以《中华人民共和国动物防疫法》《北京市动物防疫条例》等法律法规为依据，规范宠物人兽共患传染病的防控措施。

二、坚持预防为主的措施

"预防为主"是我国卫生工作的基本方针，也是我国多年来与疾病斗争的经验总结。随着社会发展，宠物与人类关系日渐密切，宠物传染病的发生或流行所带来的损失也越来越严重。当宠物感染一些传染性强的宠物人兽共患传染病后，会在宠物群中扩散并迅速蔓延，因此必须重视传染病的预防，贯彻"预防为主、养防结合、防重于治"的防控方针。

在调研中发现，宠物饲养者常因缺乏基本饲养知识、消毒卫生知识、疫病防控知识等，导致宠物抵抗力下降，宠物人兽共患传染病患病风险加大，对宠物和人类健康均构成威胁。对于宠物饲养者来说，应坚持预防为主，主要可通过加强饲养管理水平提高宠物自身抵抗力和使用疫苗、药物等方法提前对一些常发疫病进行预防，这样可减少疫病发生风险。实践证明，做好日常预防工作可以大大减少传染病的发生，即使发生也能及时得到控制。

（一）讲卫生、合理消毒

加强卫生管理是预防和控制传染病流行的一项基础工作。重点要对动物和人的生活环境建立良好的卫生设施和管理制度，改善饮食，注意饮水卫生，保持环境整洁和个体卫生，做好污物的排放和处理等。消毒是切断宠物人兽共患传染病传播途径的重要手段，消毒的目的是清除或者杀灭停留在外界环境中的病原体，减少疾病的传染源。

在日常饲养管理中，宠物饲养者要加强对宠物行为管理，通过训练和调教，防止宠物乱吃乱舔；不饲喂未经加工煮熟、腐败变质的食物；每日对宠物食盆、生活用具进行清理，猫窝、犬床要经常晒太阳，及时清理尿液、粪便，注意对宠物生活场所、用具、饮水等进行及时清理并定期消毒，消毒方法一般可采用物理消毒和化学药物消毒，采用化学药物消毒时要严格按照说明书配制、使用。

（二）调整饮食，合理营养

宠物尤其是犬、猫都需要蛋白质、碳水化合物、脂肪、维生素、无机盐和水六大营养要素，因此在日常饲养时，要注意食物的营养成分和营养价值。一些犬、猫饲养者只饲喂肉、内脏、鸡蛋、牛奶等蛋白质食物，而忽视其他营养要素的供给，导致宠物出现消化不良、便秘、腹泻等症状。宠物饲养者应多学习宠物营养知识，了解宠物适合的营养结构，根据宠物的品种、年龄、健康状况等合理配料，科学饲养。

（三）注意防寒保暖

在冬季寒冷、春秋气候多变的季节，宠物容易感染疫病，宠物饲养者要特别注意防寒保暖，尤其在天气变化、宠物洗完澡后，要保持室内温度，及时将宠物毛发吹干，防止因受凉抵抗力降低而感染疫病。

（四）坚持适量运动

宠物每日圈养在家，很少有运动的机会，应坚持每日带宠物在户外适量运动，增强自身抵抗力。

（五）提早预防，按程序接种疫苗

购买宠物前应了解其病史及家系的病史。宠物饲养者可以在政府批准的定点动物诊疗机构，坚持每年按照科学的疫苗免疫程序对宠物进行狂犬病免疫注射。对布鲁氏菌病、弓形虫病等人兽共患传染病进行检查，患有严重人兽共患传染病的宠物应淘汰。有皮肤病病史的宠物应注意定期驱除体外寄生虫，提前进行药物预防，如泡药浴等，不随意使用低劣的洗涤剂，以防引起过敏等不良反应。

（六）杀虫灭鼠

很多宠物人兽共患传染病可以通过媒介节肢动物进行传播，杀虫就是杀灭生活环境中存在的媒介节肢动物，如蜱、跳蚤、蝇、蚊、白蛉等，杀虫方法可以根据不同媒介节肢动物的生活习性和特征，选择物理、化学和生物学杀灭方式。老鼠也是某些宠物人兽共患传染病的主要传染源，开展灭鼠也是切断疫病传播途径的重要措施之一，灭鼠主要采取化学药物灭杀和物理捕杀等方法。

三、加强部门合作及联防联控

宠物人兽共患传染病的防控与农业、卫生、公安、商业、外贸等部门均有密切关系，不同宠物人兽共患传染病的分布情况、流行因素、易感群体、危害程度等均有差异，因此，需要各部门的协作并通力配合，才能做好宠物人兽共患传染病的防控工作。

四、加强防范意识

宠物饲养者可通过宣传、书籍、网络等途径获取饲养、疫病防控等方面知识，提高宠物饲养管理能力，加强卫生防疫、免疫接种、检疫隔离、消毒等知识，提高防范意识，降低宠物人兽共患传染病的发生。

第三章 病毒性宠物人兽共患传染病

第一节 狂犬病

狂犬病俗称"疯狗病",是一种高度致死性传染病。狂犬病是由弹状病毒科狂犬病毒属狂犬病毒引起的急性中枢神经系统人兽共患烈性传染病,可在所有哺乳动物中传播,主要通过咬伤、破损皮肤、黏膜或吸入传染性病毒而感染,临床特征为神经兴奋和意识障碍,死亡率接近100%。狂犬病属于自然疫源性疾病,自然界中的一些野生动物可作为狂犬病的储存宿主和传播载体,使得狂犬病持续存在。该病是在世界范围广泛分布的一种重要的人兽共患传染病,目前除少数国家外,大多数国家仍有不同程度的狂犬病地方性流行。近年来,我国养犬数量剧增,狂犬病的发病率也随之逐年上升,严重威胁动物和人类的生命安全。狂犬病的流行至今没有得到控制,这与自然界中狂犬病毒储存宿主的复杂性密切相关。世界动物卫生组织

（WOAH）将狂犬病列为 B 类动物疫病，我国将其列为二类动物疫病。

一、流行病学

（一）传染源

狂犬病的传染源为发病和外观健康隐性带毒的家养动物以及带毒的野生动物，发病的和隐性带毒的犬和猫常常是家畜及人的主要传染源。

（二）传播途径

多数病例的传播途径是被携带狂犬病毒的动物咬伤或唾液污染伤口而感染，少见经呼吸道、消化道、胎盘等非咬伤途径感染。

（三）易感动物

该病的易感动物包括几乎所有的温血动物，有 4 000 多种哺乳动物被认为是易感的。犬科、猫科动物最易感。不同种类的动物易感性不同，主要与动物年龄（幼龄动物更易感）、病毒变异、病毒感染量和咬伤部位有关。人类对狂犬病普遍易感。兽医、动物饲养人员、狩猎者更易感。

（四）流行特征

该病在世界范围内分布，以锁链性的散发形式出现。一般来说面部咬伤者比躯干、四肢咬伤者发病率高；伤口越深、伤处越多者发病率越高。野生动物唾液腺中病毒含量比犬高，且含毒时间更长，因此被狼咬伤者发病率比被犬咬伤者高一倍以上。狂犬病全年均可发生，季节性的流行高峰特征在发病率低的年份不明显，但在流行严重的年份，该病的发病呈现明显的季节性，夏季与秋季发病数量明显高于其他季节。狂犬病的发生还与性别、年龄、职业人群有关，但由于接触动物的机会不同，狂犬病患者在性别、年龄、职业的分布上有一定差异，一般以青少年和儿童患者较多，造成这一现象的原因是青少年和儿童接触动物机会多，缺少对狂犬病危害严重性的认识，受伤后没有及时告知家长，失去了最佳预防处理时期。人患病如果治疗不及时，死亡率达100%。

二、临床症状

狂犬病潜伏期长短不一，从10天到数月，有些甚至1年以上。大致分为前驱期、兴奋期、麻痹期。主要特征为意识紊乱、狂躁不安，一般表现为狂暴和麻痹两种类型，死亡率达100%。不同种发病动物临床表现稍有差别。

犬：潜伏期10天至2个月，有时更长。在临床上病犬具有明显的前驱期、兴奋期和麻痹期。

①前驱期（沉郁期）：该期持续时间为半天至2天，病犬表现为精神沉郁、拒食、行为异常、用前肢刨地，不愿与人接近、躲于暗处、不安、反射机能亢进，不听呼唤，主人抚摸或者受到刺激时，突然跳起或表现惊慌，异食，感染局部或全身瘙痒，常自咬或用舌舔局部。

②兴奋期（狂暴期）：该期持续时间为2~4天，病犬狂暴不安，不认熟人，狂咬攻击，自咬躯体各部位，应激性增强，

吞食异物，无目的奔走、乱窜甚至昼夜不归，见水或听到流水声呈现癫狂发作（恐水症），狂暴与沉郁交替出现。随着病程的发展，病犬出现下颌麻木，流涎，饮食费力，眼球凹陷，消瘦。多数病犬咽喉肌肉麻痹，叫声改变，吞咽困难但能饮水。

③麻痹期：该期持续时间为1～2天，病犬精神高度沉郁，麻痹症状迅速发展，从头部肌肉开始出现麻痹，下颌因麻痹而下垂、流涎，舌头脱出口外，流泡沫性唾液，斜视。当后躯发生麻痹后，病犬行走摇晃，卧地不起，最后因呼吸麻痹或极度衰竭死亡。

猫：症状与犬相似，一般为狂暴型，当有人靠近时候，患病猫试图躲藏，攻击人和其他动物。频繁尖叫、吼叫，一些猫可能不断乱跑，直到衰竭而死。猫狂犬病的病程较短，症状出现后2～4天死亡。

三、预防措施

狂犬病一旦发作，几乎无人能够幸免于难，因此对该病的预防尤为重要。对动物进行狂犬病疫苗免疫接种和控制流浪动物是预防狂犬病传染和发生最有效的措施。对野生动物采用空投疫苗诱饵等方法可预防野生动物狂犬病。

①对宠物定期进行狂犬病免疫注射。家养犬、猫等宠物应进行狂犬病免疫注射，应到动物疫病预防控制机构或其指定的狂犬病定点动物诊疗单位进行免疫接种。出生满3个月的犬只或者饲养者不能确定其狂犬病免疫情况的3月龄以上的犬只进行首次狂犬病免疫接种。在首次免疫后，参照疫苗说明书每年

按期进行加强免疫。为确保免疫效果，宠物饲养者可在免疫 28 天后对犬进行狂犬病免疫抗体检测，免疫抗体水平不合格的犬只需进行补免。

②为避免免疫失败，要注意加强饲养管理水平，饲喂全价配合犬粮，注意蛋白质营养供给，适当补充维生素 A、D、B、E 和多种微量元素；避免因气温、湿度、噪声、运输、过度训练、饲料的突然改变、饲养环境及人员改变等因素产生的应激反应。

③当外购动物时，应购自 1 年内未发生狂犬病的地区，外购动物必须经过狂犬病免疫注射，且在保护期内。

④野生动物为狂犬病毒主要自然储存宿主，家养宠物外出时应佩戴犬牌、拴上犬链，避免接触流浪犬、猫和野生动物，如蝙蝠、啮齿类动物、狐狸、狼、浣熊等。

⑤疑似狂犬病动物以及被患狂犬病动物咬伤的动物尸体要进行无害化处理，不允许食用。

四、公共卫生安全

狂犬病是一种古老的人兽共患传染病，该病地理分布广泛，在世界很多国家均有发生，全球除南极洲外均有流行。随着社会发展，宠物饲养量逐渐加大，狂犬病传染人类的风险也随之加大。发达国家的狂犬病发病率逐年下降，但发展中国家仍然面临着狂犬病的威胁，且目前尚无特效的治疗方法。发展中国家人类感染狂犬病的主要传染源为病犬，人狂犬病由病犬传播者占 80%~90%，其次为猫。世界卫生组织相关数据表明，全球每年约有 55 000 人死于狂犬病，主要集中在亚洲、非洲、拉丁美洲等发展中国家，而且大部分患者为儿童，其中，30%～50%狂犬病的死亡病例为 15 岁以下儿童。据统计，全国的狂犬病病例中，93% 为犬咬伤引起，6% 为猫抓伤引起，除此之外还有被鼠伤、獾伤引起的病例报道。

狂犬病病毒不稳定，但能抵抗自溶和腐烂，在自溶的脑组织里可以保持 7～10 天的活力，冻干条件下可以长期存活。狂犬病病毒在室温条件下不稳定，反复冻融可以导致病毒灭活，紫外线、蛋白酶、酸、乙醚、胆盐、升汞、季胺类化合物、自然光、热等条件下可以迅速破坏病毒活力。

人感染狂犬病主要是被携带狂犬病毒的动物咬伤或被含有狂犬病毒的唾液污染伤口引起。狂犬病的潜伏期长短不一，儿童及头面部咬伤、伤口深而广、清创不彻底的，则潜伏期短。此外，潜伏期也与入侵病毒的数量、毒力和宿主的免疫力有关。目前发现的人狂犬病病例中，潜伏期从 5 天至数年，通常为 2～3 个月，极少超过 1 年。人的早期症状为非典型的类流感症状，发病时会感觉不适、发热或者头痛，可能持续几天。咬伤感染部位异常，会出现疼痛、麻木感、蚁行感、肌肉水肿。兴奋期的特征为极度兴奋、痉挛、肌肉衰弱和麻痹。吞咽肌痉挛导致吞咽困难、恐水和面部表情急躁。麻痹型少见，当发生麻痹型时，患者意识清楚，但有神经病变症状，症状不明显，因呼吸和循环衰竭而死亡。狂犬病的临床症状一旦出现，死亡率几乎达到 100%，通常在 10 天内死亡。

人受感染后并非全部发病，被病犬咬伤而未做预防注射者发病率为15%~20%，被病狼咬伤者发病率为50%~60%，其发病因素与咬伤部位、创伤程度、伤口处理情况、衣着薄厚及是否注射疫苗等有关。因此，被动物咬伤或抓伤后，早期的伤口处理极其重要。应立即反复用10%~20%的浓肥皂水清洗伤口，清洗时长不少于20分钟，然后用大量清水冲洗，这样可以将伤口局部的脏物和病毒清除。之后用0.5%的碘伏溶液或碘酊消毒3~4次，再用75%的酒精消毒伤口。消毒完毕后应迅速到医院就医，并紧急注射狂犬病疫苗。目前，我国常用Vero细胞纯化疫苗，通常采用5针法程序接种，即第0天、第3天、第7天、第14天、第28天各接种1剂。严重咬伤或头、颈部咬伤者在应用狂犬疫苗的同时，必须应用狂犬病被动免疫制剂。

第二节 高致病性禽流感

高致病性禽流感（HPAI）是由正黏病毒科流感病毒属A型流感病毒的高致病力毒株引起的一种以禽类为主的烈性传染病。世界动物卫生组织将其列为A类传染病，我国将其列为一类动物疫病。

一、流行病学

（一）传染源

病禽（野鸟）和带毒禽（野鸟）是主要的传染源。康复禽类（野鸟）和隐性感染禽类（野鸟）可在一定时间内带毒、排毒。鸭、鹅等水禽和野生水禽是高致病性禽流感病毒的重要宿主，在该病的传播中起到重要作用。外观健康的鸭、鹅、鸟类等禽类可携带病毒，并将病毒排出体外，污染环境，从而引起高致病性禽流感的暴发性流行。病毒可长期在污染的粪便、水等环境中存活。

（二）传播途径

一是消化道传播，即粪口传播。病禽及病禽的分泌物、排泄物等污染饲养用具、垫草、饲料、饮水、运输车辆等，可成为病原传播媒介导致接触感染。二是呼吸道传播。病禽的分泌物、排泄物等通过空气传播给其他禽类。三是垂直传播。当母鸡感染时，可从鸡蛋蛋黄、蛋清、蛋壳中分离到病毒，高致病性禽流感病毒可使鸡胚致死，内部被污染的种蛋不能孵化，不用于孵化的蛋不经消毒处理不能运输到非疫区。四是迁徙传播。候鸟迁徙、带有高致病性禽流感病毒的禽群和产品的流通均可造成高致病性禽流感的传播。

（三）易感动物

鸡、火鸡及某些野禽的易感性较高，且感染后呈急性致死性。产蛋鸡易感性最高，其次为育成鸡、育雏鸡。鸭、鹅及其他水禽的易感性较差，多表现为隐性感染或者带毒，有时也可能出现大批死亡。鸽子可带毒但很少自然发病。人类也可感染该病，其中老年人和儿童的感染性更高，12岁以下的儿童所占比例较高，病情较严重。

（四）流行特征

高致病性禽流感一年四季均可发病，但多发于冬春季节，尤其是冬春、秋冬季节交替之际，每年的 10 月底至翌年 4 月多发。夏季一般发病较少，多呈零星散发，鸡群的临床症状也较轻。该病突然暴发，发病率高，病死率高，由于病毒多变异，难以彻底根除。

二、临床症状

高致病性禽流感的临床症状根据感染禽类的种类、年龄、性别、并发感染、环境等因素的不同而表现出较大的差异。急性死亡病例中，感染率和死亡率可高达 100%。野禽和家鸭通常临床症状不明显，但不同毒株存在差异。

典型性高致病性禽流感临床症状为潜伏期短，发病急，死亡率高。病禽体温急剧上升至 43.3～44.4℃，出现精神沉郁，喜卧不动，嗜睡，羽毛蓬乱，食欲废绝，饮水减少，鸡群扎堆。由于禽类活动性下降，禽舍通常异常安静。感染的禽类主要出现呼吸道、消化道、生殖道及神经系统症状。其中呼吸道症状明显，表现为呼吸困难、咳嗽、打喷嚏、啰音，病情严重的禽类出现张口呼吸或有尖叫声。病禽头面部肿胀，冠和肉垂发绀、坏死，腿部鳞片发红、发紫或出血。消化道症状表现为食欲下降，采食量减少 15%～50%，拉黄白色稀便，绿便相对较少。生殖道症状表现为产蛋下降，两周内可使产蛋率由 90% 以上下降到 5%～10%，甚至停产，畸形蛋、小型蛋增多。神经症状主要表现为共济失调，头颈震颤，头颈歪斜，角弓反张，姿态异常，无法走动、站立。以上症状可单独或几种症状合并出现,鸡和火鸡常呈最急性,鹅、鸭常以神经症状为主。

非典型性高致病性禽流感症状主要表现为发病初期禽类精神状况、食欲、粪便、产蛋量均无很大变化,不易察觉,但每天会发生一定数量的禽只死亡,药物治疗效果不佳。发病 3~4 天后死亡增多,出现生殖道症状,包括产蛋下降、蛋壳发白,软皮蛋增多,还会出现神经症状。发病后期死亡数量减少,产蛋量逐渐恢复。

三、预防措施

高致病性禽流感是一种以禽类为主的烈性传染病。该病毒可在宿主体内发生变异和基因重组,给养禽业带来巨大威胁。做好高致病性禽流感防控,一是要做好生物安全防控措施,禁止去疫区购买家禽,引进禽类时加强检疫,选用无污染的饲料,对饮水进行水质检查,有效控制病毒传入。二是提高饲养管理水平,加强消毒、人流、物流控制,及时清理粪便,提高自身抗病力,降低疫病发生风险。做好防鸟工作,避免家禽接触野生禽鸟。加强临床观察,做好病死禽的无害化处理工作。三是认真进行高致病性禽流感程序化免疫工作,免疫密度要达到100%,实践证明疫苗接种是防控高致病性禽流感最为有效的措施。

四、公共卫生安全

高致病性禽流感使养禽业面临巨大的疫病威胁,给全世界养禽业造成了巨大损失。高致病性禽流感病毒是人类流感的最大基因库，且病毒毒株在不断变异，作为人类新病原直接威胁人类健康与生命安全。2000年至今，世界各地尤其是亚洲地区的高致病性禽流感此起彼伏，不仅造成了巨大的经济损失，还导致人的病死率高达80%，远远高于非典患者的病死率。根据国外专家预测，高致病性禽流感病毒在一段时间内会长期存在，防控工作要做好持久战的准备。世界卫生组织已经发出警告，高致病性禽流感已经开始席卷全球，新一轮人类大流感及其后果可能比1918年的大流感更加严重。我国气象专家对疫情地气候特征的分析表明，高致病性禽流感病毒不喜晴热天气。1994年、1997年、1999年和2003年分别在澳大利亚、意大利、中国香港、荷兰等地暴发H5N1型高致病性禽流感，2005年主要在东南亚和欧洲暴发。高致病性禽流感疫情的蔓延引起世界关注。

粪便中的高致病性禽流感病毒传染性在4℃条件下可以保持30~105天，在20℃条件下可以保持7天，在羽毛中可以存活18天，在低温、干燥条件下存活数月或者一年以上，在干燥的尘土中可以存活14天，在冷冻的禽类产品（肉）中可以存活10个月。高致病性禽流感病毒对去污剂脂溶剂比较敏感。该病毒不耐热，可在加热（100℃1分钟、65~70℃数分钟）、极端pH值、非等渗和干燥的条件下失活。对光照和紫外线照射均敏感，阳光直射病毒40~48小时即可失去活性。高致病性禽流感病毒对乙醚、氯仿、丙酮等有机溶液敏感，常用消毒药剂包括氯制剂、福尔马林、氧化剂、稀酸、卤素化合物（漂白粉、碘剂等)、脱氧胆酸钠、铵离子、重金属离子等，这些常用消毒液都能迅速破坏高致病性禽流感病毒的传染性。

第三节　流行性乙型脑炎

流行性乙型脑炎又称日本乙型脑炎，简称乙脑，是由乙型脑炎病毒引起的一种急性中枢神经系统人兽共患传染病。乙脑病毒经蚊传播，人和马感染该病后呈现脑炎的症状，猪感染后表现为流产、死胎和睾丸炎，其他家畜和家禽大多呈现隐性感染。人感染多发生于儿童，常造成患者死亡或留下神经系统后遗症。该病的病原体于1934年在日本发现，因此命名为日本乙型脑炎。1939年我国也分离到了乙型脑炎病毒，后进行了大量调研工作，于1952年统一命名为流行性乙型脑炎。世界动物卫生组织将马的日本脑炎划归为B类动物疫病。乙脑是我国夏秋季流行的主要传染病之一，除新疆、西藏、青海以外，全国各地均有病例发生，病死率为10%，大约15%的患者会出现不同程度的后遗症。目前，已知有60多种动物可以感染乙脑病毒。随着疫苗的广泛接种，我国的乙脑发病率已逐年下降。

一、流行病学

(一) 传染源

乙脑是自然疫源性疾病，许多动物和人感染后都可以成为该病的传染源。在乙脑流行地区，畜禽隐性感染率很高，而猪的感染最为普遍，是该病的主要传染源。由于猪饲养数量大，且感染后血液中病毒含量较高，蚊又吸食其血液，因此病毒通过猪—蚊—猪的循环进行传播。其他温血动物感染乙脑病毒后，血中会产生抗体，使病毒从血液中很快消失，因此作为传染源的作用较少。蚊虫感染后，病毒在蚊体内增殖，可以终身带毒，甚至在蚊体内越冬或经卵传代，因此蚊除了是乙脑病毒的传播媒介外，还是它的储存宿主。此外，蝙蝠也可作为储存宿主。

（二）传播途径

主要通过节肢动物叮咬而传播，传播方式为哺乳动物—蚊—哺乳动物。蚊是主要的传播媒介，能传播该病的蚊种包括库蚊、伊蚊、按蚊中的某些种，其中三带喙库蚊是主要媒介。

（三）易感动物

能够感染乙脑病毒的动物有 60 余种，宠物中主要有犬、猫、鸟类等，其他动物包括马、骡、驴、猪、牛、羊、鹿、鸡、鸭、野鸟等。人群对该病毒普遍易感。

（四）流行特点

乙脑流行于东南亚及太平洋地区，有严格的季节性，气温和雨量与该病的流行也有密切关系。在热带地区，全年均可发病；在亚热带和温带地区，80%～90%的病例都集中在 7 月、8 月、9 月 3 个月内。乙脑呈高度散发性，乙脑同一家庭同时出现两个患者的情况罕见，大多发生于 10 岁以下的儿童，其中 3～6 岁发病率最高；马多发生于 3 岁以下幼马，特别是当年幼驹。

二、临床症状

猪：猪感染后几乎无特征性脑炎症状。潜伏期一般为3~4天，主要表现为体温突然升高至40~41℃，呈稽留热，精神沉郁，食欲下降，饮欲增加，嗜睡，结膜潮红，肠音减弱，粪便干燥，尿液发黄，有些患病猪会出现肢体轻度麻痹，走路跟跄，关节肿大，视力障碍，乱撞，最后后肢麻痹而死亡。妊娠母猪发病时会突然发生流产、产出弱胎、死胎或木乃伊胎，且全身水肿。有的仔猪出生后几天内会发生痉挛而死亡。感染母猪在孕期或者流产后，无明显的异常表现，对以后的配种也没有影响。公猪症状一般不明显，有的会发生睾丸炎，一次性睾丸肿大，也有可能两侧睾丸同时肿胀，几天后肿胀消退，逐渐萎缩变硬。

马：马感染后潜伏期为1~2周，发病初期体温升高、精神沉郁、食欲下降，不喜动，可视黏膜潮红或者轻度黄染，肠音减少，粪球干小，严重的病马出现异常姿势，站立不稳，后肢麻痹，后期卧地昏迷。有的病马以兴奋为主，表现为狂躁不安、乱冲乱撞、攀登饲槽，后期衰弱倒地，四肢呈游泳状划动。有的病马为抑郁、兴奋和麻痹症状先后或者交替出现。还有些病马主要表现为后肢麻痹不全，走路摇摆，容易跌倒，甚至无法站立。多数病马预后不良，病马治愈后常会有精神迟钝、弱视、唇麻痹等后遗症。

牛：自然发病很少。急性感染牛1~2天死亡，慢性感染牛10天左右死亡。牛感染后主要表现为发热、食欲废绝、磨牙、痉挛、转圈、四肢强直、昏睡等。

山羊：患病山羊约 5 天死亡，主要表现为发热，头部、颈部、躯干、四肢依次出现麻痹，嘴唇麻痹、流涎，唇和咬肌痉挛，牙冠紧闭，视力和听力减弱或者丧失，角弓反张，四肢关节屈伸困难，卧地不起。

三、预防措施

预防和控制乙脑的暴发和流行应按照因地制宜和分类指导的原则，采取预防接种、控制媒介传播、健康教育和加强监测等综合性防控措施，全面加强乙脑防治，提高疫苗覆盖率，降低发病率。

乙脑尚无特效病原治疗，其预防措施主要为疫苗预防接种和灭蚊防蚊。在流行季节前，可对猪等家畜进行疫苗接种，阻断病毒的自然传播循环。目前我国人类疫苗主要应用乙型脑炎灭活疫苗（Vero 细胞）和乙型脑炎减毒活疫苗，免疫人群主要为流行区 6 个月以上 10 岁以下儿童。乙脑主要通过蚊虫叮咬而传播，国内主要为三带喙库蚊，该蚊种主要孳生于稻田和其他浅地面积水中，可以根据其生态学特点采取灭蚊措施。夜间睡觉时可使用蚊帐、驱蚊剂等，黄昏户外活动应注意防蚊。

四、公共卫生安全

我国是流行性乙型脑炎的高发区。1949 年以后，除了新疆、西藏、青海外，其他各省、区、市都陆续有该病的报道。该病流行期间各种家畜的感染率比较高，而临床发病却很少，一般呈现隐性感染。蚊虫是乙脑的传播媒介，因此消灭蚊虫是预防乙脑的重要措施，可用药物灭蚊，冬季应注意消灭越冬蚊。除此之外，疫苗免疫接种也能预防乙脑的发生和传播。流行区应在蚊虫活动前1个月对应免动物进行免疫接种。

　　人感染流行性乙型脑炎后，潜伏期为10～15天。大部分患者症状较轻或者呈现无症状的隐性感染，少数患者会出现中枢神经系统症状，表现为高热、意识障碍、惊厥等。典型病例可以分为初期、进展期、恢复期、后遗症期四个病程。初期为病程的第1～3天，体温在两天内升高到38～39℃，伴有头痛、精神倦怠、恶心、呕吐、嗜睡等症状，儿童可能会出现呼吸道症状或腹泻。进展期体温持续上升，高达40℃以上，症状加重，意识明显障碍，由嗜睡、昏睡直到昏迷。昏迷越深，持续时间越长，病情越严重。重症患者会出现全身抽搐、强制性痉挛或者强制性瘫痪，少数患者可能出现软瘫。严重患者出现中枢性呼吸衰竭，表现为呼吸节律不规则、双吸气、叹息样呼吸等，最后呼吸停止。恢复期体温在2～5天下降至正常，由昏迷转为清醒，部分患者出现短期精神呆滞阶段，之后逐渐恢复正常。个别重症患者表现为低热、多汗、失语、瘫痪等，经积极治疗一般在6个月内可恢复。后遗症期发生率为5%～20%，患者在发病6个月后仍有神经症状，最为常见的症状为失语、瘫痪和精神失常。如继续配合治疗可能有不同程度的恢复，癫痫后遗症可以持续终生。

　　流行性乙型脑炎病毒对外界环境的抵抗力不强，56℃30分钟或100℃2分钟即可灭活。乙醚、1∶1 000去氧胆酸钠以及常用消毒剂均可使病毒灭活。该病毒在酸性条件下不稳定，其适宜的 pH 值为 8.5~9.0。

第四节　流行性出血热

流行性出血热又称为肾综合征出血热，是由汉坦病毒感染引起的一种急性出血性人兽共患传染病。流行性出血热为自然疫源性传染病，鼠类为主要的传染源。该病流行广，病情危急，危害极大，以发热、出血、肾脏损伤为主要特征。1982 年 WHO 统一定名为肾综合征出血热，现在我国仍然沿用流行性出血热的病名。该病主要分布于欧亚大陆东部、中部及北部。我国为重疫区，20 世纪 80 年代中期以来，我国发病数量超过 10 万起，已经成为除病毒性肝炎外，危害最大的病毒性疾病。

一、流行病学

汉坦病毒具有多宿主性，每种血清型都有其主要的宿主动物，主要为啮齿类动物。该病为世界性疾病，疫源地遍布 80 多个国家和地区，多发于亚洲、欧洲和非洲，中国是受危害最严重的国家之一。

（一）传染源

啮齿类动物为该病的主要宿主动物和传染源。据统计，约有 173 种脊椎动物是病毒的储存宿主和传染源。我国的主要宿主动物为黑线姬鼠、黄胸鼠、褐家鼠、大白鼠、小家鼠等，常以姬鼠型、家鼠型和家鼠姬鼠混合型为主。除此之外还有家禽、家兔、犬、猫等。

（二）传播途径

流行性出血热有多种传播途径，可经呼吸道、消化道、皮肤损伤、虫媒传播，孕妇感染该病后，病毒可经过胎盘感染胎儿。

（三）易感动物

犬、猫、鼠易感，人也易感。

（四）流行特征

该病为自然疫源性疾病，主要分布于地势低洼、荒野、森林、草原和潮湿等地区。亚洲、欧洲和非洲感染较多，美洲病例较少。我国疫情严重，29个省、区、市均有病例报道。流行性出血热还具有易变性的特点。该病一年四季均可发生，根据传播宿主的不同，流行时间、地区和临床症状有所区别：经家鼠传播者3—5月为高峰，主要发生在城市及河南、山西等农村地区，临床病情较轻；经黑线姬鼠传播者11月至翌年1月为高峰、5—7月为小高峰，主要发生在农村，临床病情较重；经林区姬鼠传播者夏季为高峰，主要发生在林区，临床病情较重；在黑线姬鼠和褐家鼠共存地区，会出现混合型疫区，我国大部疫区为混合型疫区。除此之外，该病具有周期性流行特征，相隔数年会有一次较大的流行。

二、临床症状

动物一般为隐性感染。人感染后的潜伏期为4~46天，一般为 7~14 天，病程为 1~2 个月。典型病例经过发热期、低血压休克期、少尿期、多尿期、恢复期等 5 个时期；非典型和轻型病例可出现越期现象；重型和危重型常出现前 2 期或前 3 期重叠，并发症多，病死率高。发热期主要表现为发病急，发热至 38~40℃，头、腰、眼眶、关节部位疼痛，胸闷、恶心、呕吐、腹痛、腹泻等症状，脸部、颈部、上胸部位皮肤黏膜发红，眼结膜充血，口腔黏膜、胸背部、腋下出现出血点或瘀斑，出现蛋白尿或尿镜检发现管型等肾损害。低血压休克期一般发生于病程 4~6 天，最迟 8~9 天，主要表现为退热时出现低血压或者休克，如果休克超过 24 小时且并发脑、心、肝、肺、肾等两个以上重要脏器的功能障碍或者衰竭时，称为"难治性休克"，预后极差。少尿期一般发生于病程 5~8 天，在低血压休克期之后出现，但有时可由发热期直接进入少尿期，有时又可与低血压休克期重叠出现。主要表现为尿毒症、酸中毒、水电解质紊乱、出血和高血容量综合征。多尿期一般出现在病程的 9~14 天，该期最短为 1 天，长的可达数月以上。大部分患者经过少尿期后进入该期，也有一部分患者从发热期或者低血压期直接进入该期。主要表现为尿量明显增多。恢复期发生于多尿期后，主要表现为尿量逐渐恢复，各项检查基本正常，精神、食欲基本恢复。该病可引发继发感染、急性心力衰竭、肺水肿、脑水肿、成人呼吸窘迫综合征等并发症。

三、预防措施

防鼠灭鼠是预防流行性出血热的一项重要措施，应用药物、机械等方法灭鼠，灭鼠后发病率能较好地控制和下降。灭螨防螨也相当重要，在灭鼠的同时可用杀虫剂进行灭螨。注重食品卫生和个人卫生，不接触鼠类及其排泄物，防止鼠类排泄物污染食品。做动物实验时，要防止被大、小鼠咬伤。

四、公共卫生安全

流行性出血热流行广，病情危急，病死率高，危害极大。我国病年发病数超过 10 万人。人主要是通过接触带毒宿主动物的排泄物而感染，带毒动物的唾液、粪便、尿液等排泄物污染尘埃形成气溶胶，通过呼吸道感染人类，也可通过消化道、皮肤损伤或胎儿垂直传播感染，还可通过螨虫叮咬感染。人传人的报道罕见。汉坦病毒使用一般脂溶剂如乙醚、氯仿等和消毒剂如来苏、75%酒精、2.5%碘酒等均可将其灭活，对紫外线敏感，不耐酸，pH 值 5.0 以下容易灭活。该病毒对高温稳定，在室温下可保存 3 个月，在 37℃ 或者日照下可保存 24 小时，在 56℃ 条件下 40 分钟灭活，在 60℃ 条件下 10 分钟灭活，在 100℃ 条件下 1 分钟灭活。

目前，国家储备有汉坦病毒灭活疫苗（二价），但仅用于疫情应急接种。

第五节 猴 痘

猴痘是由猴痘病毒引起的一种人兽共患传染病。该病能在动物和人类之间传播，且在人类之间也可以进行二次传播。猴痘的临床表现与人的天花相似，特征为皮肤出疹。其动物宿主包括松鼠、冈比亚袋鼠等啮齿类动物和非人类灵长类动物。猴痘病毒于 1958 年首次发现，1970 年在刚果首次发现了人类感染猴痘的病例。2017 年以来，尼日利亚共报告疑似病例 500 余例，确诊病例 200 余例，病死率约 3%。2003 年，猴痘疫情首次暴发于非洲外的国家（美国）。2018—2022 年，发生过多例从尼日利亚到其他国家的游客感染猴痘的病例，包括以色列、英国、新加坡、美国等。2022 年猴痘疫情最先在英国发现，2022 年 7 月 23 日，世界卫生组织宣布将猴痘疫情列为"国际关注突发公共卫生事件"。2023 年，巴基斯坦、韩国和中国台湾地区均发生了人感染猴痘病例。

一、流行病学

（一）传染源

患病或者隐形感染的啮齿类或哺乳动物均可成为本病的传染源，发病期间的血液、结痂和呼吸出的气体均具有传染性，但目前呼吸道传染较少见。

（二）传播途径

猴痘的传播媒介包括饲养管理人员、动物饲养用具、皮毛、垫草、饲料、外寄生虫等。

（三）易感动物

各种猴类，包括猩猩和狒狒均易感染猴痘，松鼠、老鼠、兔子等很多动物均可感染猴痘，人及其他灵长类和啮齿类动物也可感染，但至今尚未发现犬、猫感染该病的情况。

（四）流行特征

一般多发生于冬末春初，发病和危害程度和当地人及动物的免疫状况有关，易感动物没有免疫的情况下初次感染发病率、死亡率相比免疫动物要高得多。

二、临床症状

动物：感染猴痘后初期出现体温升高，7～14天出现皮疹，皮疹多而分散，主要分布于面部、口腔黏膜、躯干、臀部和四肢，一般情况下手掌和脚掌出现最多。皮疹迅速变成水疱和脓疱，然后干涸结痂。幼龄猴子可能会发生重度感染而死亡，死亡率为3%～5%。

人：人感染猴痘的症状类似于天花，但相比天花要温和，淋巴结病变是猴痘与天花的主要区别之一。一般人感染后潜伏期为7～14天，也可能为5～21天，之后会出现精神不振、疲惫、发热、头痛、背痛、肌肉疼痛、淋巴结肿大等症状，发热1～3天后出现丘疹。通常情况下，丘疹首先出现在面部，有时也会出现在身体其他部位。之后丘疹结痂脱落。整个病程一般为2～4周，死亡率为1%～10%。

三、预防措施

目前猴痘没有特异疗法，但接种天花疫苗可以有效预防猴痘的发生。

四、公共卫生安全

人对猴痘病毒易感，尤其对儿童的危害更大，主要通过接触患病动物而传染，人与人之间可通过亲密的身体接触感染或直接接触结痂、体液、被污染的物品感染，少数可通过长时间面对面接触传染。有人认为儿童病例数增加可能与停止痘苗接种、机体免疫力下降等因素有关。猴痘病毒已成为人类痘病毒研究的重点。猴痘病毒易被氯仿、甲醇和福尔马林灭活。在56℃条件下加热30分钟可灭活，在4℃和-70℃均可长期保持活力，在-20℃环境中保存期较短。

第六节　尼帕病毒性脑炎

尼帕病是由尼帕病毒（Nipah virus，NiV）引起的一种人兽共患传染病。其特征表现为呼吸困难、神经症状等。世界动物卫生组织（WOAH）将其列为必须报告的动物疫病，我国将其列为一类动物疫病。尼帕病毒是一种新型病毒，它可由动物传播给人，也可直接在人与人之间传播。1997年，马来西亚双溪尼帕发现第一例尼帕病毒感染病例，尼帕病毒因此得名。它是继英国牛海绵状脑病、中国香港禽流感后，又一引起世界各国广泛关注和担忧的人兽共患传染病。由于孟加拉国尼帕病毒疫情，世界上许多国家和国际组织对尼帕病毒病越来越重视。1997—1999年及2000年2月，马来西亚、澳大利亚、新加坡均暴发了尼帕病毒病，造成多人死亡和重大经济损失，美国疾病控制中心暂将其定为生物安全四级，且该病有扩散到其他国家的可能性，已成为重要的全球公共卫生问题。

一、流行病学

（一）传染源

尼帕病毒性脑炎的传染源包括带病毒的果蝠、已感染的动物、人及其组织、血液、排泄物等。尼帕病毒的自然宿主比较广泛，包括猪、犬、猫、马、山羊、鼠等，人可被感染。猪是该病毒的主要宿主，但猪的发病率和死亡率低，与感染猪接触的人、犬、猫、马、山羊等也可被感染。

（二）传播途径

尼帕病毒性脑炎在猪群中的传播途径主要为直接接触，包括接触患病猪的口和呼吸道、咽分泌物或排泄物，也可能通过注射器或人工授精等方式传播。犬、猫、马、山羊等其他动物可通过接触患病猪呼吸道产生的飞沫、喉咙或鼻腔等分泌物、排泄物、患病猪组织等感染。人可通过接触患病猪或污染环境感染。另外，携带病原的蜱、蚊等吸血昆虫可通过叮咬使人感染。

（三）易感动物

猪、犬、猫、马、蝙蝠、羊、鸡等敏感。人也可以感染尼帕病毒。

（四）流行特征

该病的流行与蝙蝠有关，人感染主要是与动物接触，与职业关系较大。

二、临床症状

动物：猪感染尼帕病毒后多表现为温和型或亚临床感染，感染率高，死亡率低，少数有症状。自然感染的临床症状与年龄有关，潜伏期7~14天，主要表现为发热、呼吸困难、阶段性的肌震颤、痉挛、反射消失、高血压、心动过速、脑炎。

三、预防措施

该病目前尚无疫苗和有效疗法。有蝙蝠的地区应注意防范环境污染，如新鲜椰枣汁和其果实可能会被果蝠污染，因此椰枣汁饮用前要煮沸、果实食用前要彻底清洗并去皮，不食用带有不明啃咬痕迹的水果。为预防接触感染猪而患病，工作人员在屠宰、剔除、处理患病动物或其组织时，应注意个人安全防护，要穿戴手套和其他防护服，尽可能避免与受感染的猪接触。人类到病毒流行区旅行应注意个人防护。

四、公共卫生安全

虽然尼帕病毒只导致少数疫情，但其可感染多种动物，并可直接在人与人之间传播，在人群中导致严重疾病和死亡。人通过接触患病动物或者污染的环境而感染，感染后严重的发生快速进行性脑炎，脑干功能失常，引起高血压、心动过速。该病潜伏期为 7~20 天，初期会出现发热、头痛、肌肉疼痛、呕吐、喉咙痛等症状，随后可出现头晕、嗜睡、意识障碍和其他急性脑炎引起的神经症状，少数病人出现呼吸道症状。

据世界卫生组织介绍，人感染尼帕病毒后的死亡率为 40%~75%。平时与动物尤其是猪接触频繁的人群应高度注意，严格按照个人安全防护标准进行防护。在该病流行地区注意防范食物、环境等污染。该病毒在体外不稳定，对热和消毒剂敏感，56℃ 作用 30 分钟即可将其灭活。

第四章　细菌性宠物人兽共患传染病

第一节　布鲁氏菌病

布鲁氏菌病是由布鲁氏菌引起的人兽共患传染病，其病例多见于牛、羊、猪，主要以侵害动物生殖系统和关节，以生殖器官和胎膜发炎、流产、不孕等为特征，犬感染布鲁氏菌病，多呈散发和隐性感染，少数表现出临床症状，人类感染布鲁氏菌病时表现为波状热。

一、流行病学

（一）传染源

病畜及带菌动物为该病的主要传染源，尤其是受感染的妊娠动物，其胎儿、胎衣、羊水中携带大量布鲁氏菌，在流产或分娩后，其阴道分泌物及乳汁中也会携带该病菌。

（二）传播途径

该病主要通过消化道、生殖道和呼吸道传播，但破损的皮肤和黏膜等也是重要的传播途径，吸血昆虫也可造成此病的传播。宠物犬通常是通过交配或由于进食了染菌的食物感染该病。人类感染布鲁氏菌病后一般不发生人与人的水平传播。

（三）易感动物

布鲁氏菌病的易感动物种类很多，各种动物对其相应的布鲁氏菌种最为敏感，主要易感动物如表4-1所示。

表4-1　布鲁氏菌病易感动物

种	主要易感动物
羊种布鲁氏菌	羊、牛
牛种布鲁氏菌	牛、羊
猪种布鲁氏菌	猪
绵羊附睾种布鲁氏菌	绵羊
犬种布鲁氏菌	犬
沙林鼠种布鲁氏菌	沙林鼠

在我国最常见的是羊种布鲁氏菌、牛种布鲁氏菌和猪种布鲁氏菌，其对羊、牛、猪的感染力最强。犬以感染犬种布鲁氏菌为主，但也可携带牛、羊、猪种布鲁氏菌。人则以感染羊种布鲁氏菌和牛种布鲁氏菌最为常见，感染猪种布鲁氏菌较为少见，感染犬种布鲁氏菌更为罕见，而绵羊附睾种布鲁氏菌和沙林鼠种布鲁氏菌则基本不会感染人类。此外，骆驼、单蹄兽、肉食动物、鸡、鸭有时也可感染该病。一般母畜较公畜更易感。

（四）流行特征

该病一年四季均可发生，在产仔季节最常见，家中单独饲养的宠物发病率比群养动物要低很多。人对布鲁氏菌病的易感性主要取决于与传染源的接触概率，所以布鲁氏菌病有明显的职业性，饲养管理人员、兽医、牧民、畜产品加工人员、相关生物制品研究人员等感染和发病概率明显高于其他人。

二、临床症状

母犬感染布鲁氏菌病主要是无先兆性的流产或产出死胎，多发生在妊娠期后 1/3 时期（犬的妊娠期平均为 62 天左右）。流产后阴道内会长期排出褐色或灰绿色的分泌物，且以后也有再次流产的可能。公犬在感染后通常没有明显的临床症状，仔细检查则可能发现无疼痛症状的附睾炎，有的则可发展成全身性淋巴结炎。慢性感染有可能造成公犬的睾丸萎缩。由于很多原因都会导致此类症状，所以实验室诊断是目前诊断布鲁氏菌病最有效的手段。

牛和羊感染布鲁氏菌病以流产、死胎、睾丸炎、附睾炎等为主要特征。猪感染与牛、羊临床症状相似，还有可能会出现菌血症，并可持续 3 个月以上。此外，马感染后常发生化脓性黏液囊炎、项韧带炎，偶尔会发生流产。

三、预防措施

目前，还没有可以有效预防犬布鲁氏菌病的疫苗，用于繁殖和成群养育犬舍中的犬感染可能性最大，所以对犬（尤其是种用犬）定期进行血清学检查是有效的筛查手段，并且在购入和配种前都应进行监测。

宠物饲养者要注意加强饲养水平，日常消毒，不喂食宠物生肉和未经消毒的牛奶、羊奶，禁止宠物舔舐来历不明的食物，一旦发现相应的临床症状，应及时检测。一般染病动物建议淘汰进行无害化处理，不做治疗。如必须治疗应在隔离条件下进行。

四、公共卫生安全

人常见的是感染羊种布鲁氏菌和牛种布鲁氏菌，以波状热为典型症状，即出现高热后在几天内恢复正常体温后又再度高热，如此反复发生，另外还可见乏力、出汗、肌肉关节疼痛、头痛等症状。

尽管犬布鲁氏菌病感染人的案例很少，但仍然不容忽视。广大宠物饲养者在处理流产组织和可疑排泄物时需格外小心，做好防护。布鲁氏菌在自然界中的抵抗力较强，在患病动物的分泌物中可存活 4 个月，在土壤、皮毛和乳制品中也能存活数月，故其流产组织和排泄物也应作无害化处理，不能随意丢弃以防造成此病的传播。但布鲁氏菌对高温和消毒药剂的抵抗力不强，70℃ 10 分钟即可使其死亡，一般常用的消毒药剂也可将其杀灭。

饲养管理人员、兽医、牧民、畜产品加工人员以及相关生物制品研究人员等高危工作者应在工作中按规定穿戴防护用具，做好个人防护，并进行定期检查，发现患病人员应调离岗位，及时治疗。一般人群应注意饮食卫生，不饮用未经消毒的生乳，避免与动物有过多的亲密接触。

第二节　炭疽病

炭疽病是由炭疽杆菌引起的一种急性、热性、败血性人兽共患传染病。炭疽杆菌在适宜条件下可形成芽孢，很难被杀灭。草食动物最为易感，人类普遍易感，猪则有一定抵抗力。草食动物感染后以高致死性的急性败血症最常见，脾脏显著肿大，血液凝固不良，七窍出血成煤焦油样，尸僵不全。人、犬、猪等感染后则一般不表现为急性症状。炭疽杆菌除了自然感染外，也曾被用作生物武器使用。

一、流行病学

（一）传染源

患病动物是本病的主要传染源，患病动物体内常有大量菌体，可通过排泄物、唾液及天然孔出血等方式排菌，污染周边环境，若处理不当在土壤中形成芽孢，可能导致形成长久的疫源地。炭疽杆菌对日光、高温和常用消毒剂抵抗力都不强，但其芽孢抵抗力极强，在干燥状态下可存活 30~50 年，煮沸 40 分钟、干热 140℃ 3 小时才能将其杀死，常用消毒剂也不能有效将其杀灭。

（二）传播途径

本病可通过多种途径感染，其中最常见的是因摄入了被污染的食物和水等经消化道感染，其次是经破损皮肤或伤口感染，另外，吸入附着有炭疽芽孢的粉尘、飞沫等也可造成感染。

（三）易感动物

各种动物对本病都有不同程度的易感性。自然条件下草食动物最易感，犬、猫次之，猪有一定的抵抗力，家禽几乎不感染。人对炭疽病普遍易感，主要发生于与动物及畜产品接触机会较多的人群，例如皮毛加工和畜牧行业从业人员。

（四）流行特征

本病主要呈地方流行，全年均可发病，7—9月为高峰，本病的流行常与干旱、洪水和土壤破坏有关，此类事件容易造成沉积在土壤中的炭疽芽孢泛起，并随水流扩大污染范围，从而导致本病的暴发。另外，夏季吸血昆虫增多也是造成炭疽病流行的因素。

二、临床症状

本病的潜伏期为1~14天。根据病程，可分为三种不同类型：最急性型、急性型、亚急性型（慢性型）。

最急性型：多见于反刍动物如羊、牛、鹿等，表现为突然发病和迅速死亡，仅有短暂的病程，出现步履蹒跚、呼吸困难、可视黏膜变成蓝紫色、震颤、昏迷等症状，濒死时天然孔流出带泡沫的暗红色血液。病程短则数分钟，长则几小时。

急性型：常见于牛、马，表现为体温急剧升高，可达42℃，兴奋随后出现精神沉郁、步履蹒跚、食欲废绝、呼吸困难、可视黏膜有点状出血。最初便秘，后腹泻，有时混有血液，妊娠动物可发生流产，产奶停止。常见咽喉、肩、腹下、外生殖器水肿。病程一般持续1~2天后死亡。

亚急性型（慢性型）：犬、猫、猪及其他野生肉食动物若感染此病则最常表现亚急性型（慢性型），主要是由于吃了被炭疽杆菌污染的食物引起，在咽喉部及附近淋巴结引起水肿，造成呼吸困难而导致死亡。也可出现消化道炎症，仅少数病例死亡。

三、预防措施

加强饲养管理，保持动物饲养环境整洁，及时清扫和消毒，严格控制动物食用生肉及动物尸体。经济类动物须按规定严格进行检疫，按需进行免疫接种预防本病。

四、公共卫生安全

人感染炭疽后因临床症状不同分为皮肤炭疽、肺炭疽、肠炭疽、脑膜炎型炭疽和败血症型炭疽。其中最常见的是皮肤炭疽，常因皮肤或伤口接触了患病动物或被病菌污染的动物产品而感染，发病早期皮肤出现红肿小块，后变为麻木性的丘疹，再转变为浆液性和血性水疱，最后结痂呈暗红色，并伴有发热、呕吐、乏力等症状。其次是肺炭疽，高发于皮毛加工厂工人，是因为吸入了带有炭疽芽孢的粉尘而引起，肺炭疽发病急，一般先有2~4天的类似感冒症状，在缓解后又突然起病，表现为恶寒、高热、咳嗽、气喘、呼吸困难、咳痰带血等症状，此类炭疽常易继发炭疽性脑膜炎。肠炭疽是因为食用了被病菌污染的食物或水引起，表现为严重呕吐、腹痛、腹泻、血便等。本病性质严重，可继发败血症及脑膜炎，应及时就医，一旦延误可引起死亡。

在炭疽病的防控中，要加强检疫，严格按照国家标准进行产地检疫和屠宰检疫。凡有机会接触染病动物、动物尸体、畜产品、炭疽杆菌的人员，都应穿戴防护服、橡胶手套、护目镜等防护装备，必要时及时进行炭疽疫苗的免疫接种。

兽医、畜产品加工等高危行业工作者应在工作中按规定穿戴防护用具，做好个人防护。

第三节　钩端螺旋体病

钩端螺旋体病简称钩体病，是由钩端螺旋体引起的一种人兽共患病，是发病率较高的人兽共患病。造成发热、头痛、皮疹、肌肉疼痛及全身乏力，严重的可出现肝肾功能障碍甚至死亡。

一、流行病学

（一）传染源

钩端螺旋体分布非常广泛，尤其以气候温暖、降水量较多的热带、亚热带地区为甚。鼠类是其最主要的储存宿主。鼠类感染后，大多呈健康带菌状态，很难被发现，其带菌率高、带菌时间长，有的甚至可以终身带菌。猪、犬和牛也是重要传染源。另外，爬行动物、两栖动物、软体动物、节肢动物等，也有可能带毒排毒。

（二）传播途径

本病主要通过皮肤、黏膜和消化道感染，通过动物咬伤、胎盘、交配等途径造成直接感染，也通过接触带菌动物排出的钩端螺旋体所污染的环境间接感染，若在菌血症期间则蚊虫叮咬也可造成此病的感染。

（三）易感动物

几乎所有哺乳动物都可感染，在伴侣动物和家畜中，最易感的是猪、牛、犬和马，猫则有一定的抵抗力，但由于感染菌种不同、个体免疫差异等因素导致临床症状差异较大。

（四）流行特征

本病在温热潮湿的气候条件下更易感染，具有地方性和季节性的流行特点。感染多集中于雨水季节，高温高湿的地区则终年可见。水塘、湿地、水田等有水的地方被带菌鼠类和动物的尿液污染后很可能形成疫源地。

二、临床症状

犬：各种年龄的犬均可感染，以户外饲养的成年犬最常见。潜伏期一般为4~12天，但由于感染钩端螺旋体血清型不同造成临床症状也不尽相同，给临床诊断增加了难度，最常见的症状是呕吐、精神沉郁、嗜睡、食欲减退或废绝、腹泻、结膜炎、发热、关节疼痛等。在急性感染的病例中，黄疸、血尿也较为常见，犬往往在出现黄疸3~5天后死亡。实验室检测是诊断犬钩端螺旋体最常用的手段。

猪：急性型多见于成年猪，表现为突然发热，可达41℃，食欲减退或废绝，精神沉郁。便秘、血尿颜色如浓茶、被毛杂乱、黄疸。亚急性型和慢性型多发生于仔猪，多见下颌、头面部、颈部甚至全身水肿。发病初期体温升高，结膜泛红，食欲减退、精神沉郁。几天后则出现结膜红肿、黄染或苍白，皮肤发红、黄染、坏死，大便干硬带血或腹泻，尿液呈浓茶色。若孕猪则常发生流产。

马：大多为隐性感染，急性病例较少。急性型呈高热，食欲废绝，结膜炎伴有眼睑水肿。皮肤和黏膜黄疸，有点状出血，皮肤干燥坏死。病程中后期出现血尿。怀孕母马则出现流产。亚急性型有发热、精神不振、消瘦、黄疸等症状，病程较长，多数可以康复。

牛：分为急性型、亚急性型和慢性型三种类型。其中急性型多见于犊牛，亚急性型多见于成年牛，慢性型则主要见于怀孕母牛。其症状与马相似，此外在亚急性型病例中还可见口腔黏膜、乳房和生殖器皮肤溃疡、坏死。

三、预防措施

在本病的传播过程中，鼠类是最主要的储存宿主，因此应避免鼠患，保持饲养环境的整洁，及时对饲养环境中的老鼠进行消灭和扑杀，定期对饲养环境进行消毒。

部分动物可通过接种疫苗来预防钩体病。

四、公共卫生安全

人主要通过皮肤和黏膜接触病原体而感染，直接接触带毒动物或接触被病菌污染的环境而发生感染，带毒动物通过尿液排出大量病原体，污染池塘、水田等，人们在其中劳作，钩端螺旋体便可通过浸泡其中的皮肤或黏膜侵入人体。其次，食用了受污染的食物，通过消化道也可造成感染。

人感染钩端螺旋体因免疫水平的差别、感染菌株的不同临床差异较大，按疾病发展一般可分为钩体血症期、器官损伤期和恢复期三个阶段。早期（钩体血症期）：多在发病后3天内，患者表现发热、头痛、全身肌肉酸痛、以腓肠肌压痛为特征、浅表淋巴结肿痛。可能伴有恶心、呕吐、腹泻、咽痛、咳嗽、扁桃体肿大、皮疹等症状。部分患者可有肝、脾肿大和黄疸。中期（器官损伤期）多在发病后3~10天，出现不同程度的器官损伤，可表现肺出血、黄疸、肾功能衰竭、脑膜炎等；若无明显器官损害则表现流感伤寒症状。后期（恢复期）一般在发病7~10天后，多数患者退热后各种症状逐渐消退而痊愈，少数则在退热后数日或数月内出现眼部和脑部的后发症。

养殖动物、鼠类和人之间钩端螺旋体病的传播往往相互交错，构成复杂的传播链。因此在防控中应采取综合的防治措施，控制带菌动物，尤其是鼠类；治理疫源地，保护水源和稻田；定期检疫。

在个人防护方面，流行地区的居民应避免接触疫水；宠物主人在接触患病动物尤其是其尿液和尿液污染物时应佩戴橡胶手套等护具，且避免其排泄物流入池塘、稻田，受污染的物体表面应及时用清洗剂清洗并用碘制剂进行消毒；高风险职业，如兽医、排洪人员、畜产品加工生产人员、水田区作业人员等暴露风险较高人员应做好相应防护。

第四节 结核病

结核病是由结核分枝杆菌（简称结核杆菌）引起的一种人兽共患传染病。一般呈慢性、消耗性发作，其主要特征是在多种组织器官形成结核结节，继而形成干酪样坏死或钙化。本病可感染多种动物，尤其是奶牛，对一些变温动物也具有致病性。结核病至今仍严重威胁人类健康，尤其是在奶牛产业发达的国家。我国一直非常重视结核病的防治，2000年开始农业部（现农业农村部）要求全国对此病进行全面监测净化。

一、流行病学

（一）传染源

患病的人和动物是本病主要的传染源，特别是患病的牛和人。患病动物的乳汁、排泄物、气管分泌物中常会带有大量结核杆菌。人类与动物接触，可交叉感染，既可传染给动物，也可被患病动物传染。

（二）传播途径

本病主要通过呼吸道吸入传染性飞沫而感染，其次是由消化道感染，食用受污染的食物，特别是牛奶而感染。一般认为犬、猫患此病主要是由人传染或食用了带菌的牛奶而导致；同时患病犬、猫能在患病过程随粪便、分泌物等排出病原，亦对人构成威胁。

（三）易感动物

常见的结核分枝杆菌包括多种致病株，其中最常见的有结核分枝杆菌、牛分枝杆菌和禽类分枝杆菌，三种致病株对人类均有易感性。结核分枝杆菌一般只引起人和灵长类动物发病，偶尔引起犬和猪感染；牛分枝杆菌可导致人和大多数温血脊椎动物感染；禽分枝杆菌则对多种动物都有致病性，包括一些变温动物。

（四）流行特征

结核病呈世界性分布，尤其在许多畜牧业发达的国家。此外，本病也可长期存于野生动物群体中，多呈散发，无明显季节性。

二、临床症状

各种动物的临床特征基本相似，但因病理变化位置和范围不同而存在差异。最常见的症状包括乏力、嗜睡、消瘦，食欲减退和发热，在多种组织器官形成结核结节，继而形成干酪样的坏死或钙化灶。潜伏期短的几天，长的可达数年。

呼吸道表现支气管肺炎症状、咳嗽，胃肠病变则表现腹泻症状，浅表淋巴结肿大，深层淋巴结感染则会引发呼吸道梗阻和肠的梗阻。

犬：主要通过呼吸道和消化道感染，犬的结核往往不表现特征性症状，有时在病原侵入部位引起原发性病变，结核性病变主要出现在肺、肝脏、肾脏、胸膜和腹膜。病犬多表现为支气管炎症状，消瘦、干咳有啰音，严重的则出现呼吸困难、心衰等症状；如病变发生于咽喉部则表现吞咽困难、干呕、流涎等；肠道病灶可引起呕吐、腹泻；皮肤结核可引发皮肤溃疡；骨结核可引发跛行、运动障碍等。如未及时治疗则死亡率较高。

猫：多发生皮肤结核，结节和溃疡病灶常见于头颈部，贫血、消瘦。猫也常因摄入受污染的牛奶经消化道感染而引发胃肠病变，出现腹泻症状，病变部位多在肠系膜淋巴结，出现淋巴结肿大；经呼吸道感染时常发生呼吸困难和肺气肿。

牛：常见的是肺结核。表现为呼吸困难和肺炎症状，呈慢性经过，后期淋巴结肿大，有可能阻塞呼吸道、消化道和血管而出现相应症状。奶牛结核的防控是预防人类感染的重要一环。

马：往往在肝、肠系膜淋巴结、肺等器官形成病变。

猪：以颌下淋巴结、颈部淋巴结和肠结核最为常见。

禽：其中鸡和火鸡最易感染，一般在肝、脾和肠发生结核病变，消瘦、肉冠苍白萎缩、产蛋下降。

三、预防措施

保持饲养环境整洁，对患病动物污染的场所、用具、物品进行严格消毒，平时不用生牛奶及生动物内脏饲喂动物。严格检疫措施。

凡有机会接触患病动物或其污染物的人员均应穿戴防护服、口罩、手套等防护装备。不随地吐痰。

四、公共卫生安全

结核杆菌主要有四个分型，牛型、人型、禽型、鼠型，其中鼠型对人兽没有致病力。人感染本病根据病变部位可分为肺结核、肠结核、骨关节结核等，其中以肺结核常见，主要表现为咳嗽、痰中有血丝，疲倦、烦躁、消瘦、长期低热，呼吸困难。

结核杆菌对外界环境的抵抗力较强，在土壤中可保持毒力4年之久；对一般的消毒剂也有较强的抵抗力，但对湿热敏感，煮沸1分钟就可将其杀灭。

奶牛结核菌病的防治是在该病预防过程中尤为关键的一环，许多国家也有相应的防控措施。我国对此病则要求全面监测净化，采取监测、检疫、扑杀和消毒相结合的综合性防治措施。牛奶巴氏杀菌也是预防此病的重要措施。据统计，2006—2020年中国肺结核报告发病率持续下降。

在个人防护方面，应保持良好的卫生习惯，不随地吐痰，咳嗽、打喷嚏应遮掩口鼻，佩戴口罩可减少传播。另外，婴幼儿接种卡介苗是预防结核病的有效措施。本病一经发现应隔离治疗。

第五节 沙门氏菌病

沙门氏菌病是由沙门氏菌属的细菌引起的一类人兽共患性疾病总称，在世界各地都普遍发生。沙门氏菌有多种血清型，其中许多血清型对人和家畜家禽都有致病性，临床表现以全身败血症和肠炎最为常见，也可造成怀孕动物流产。禽类的带菌现象相当普遍。

一、流行病学

（一）传染源

带菌动物和人是本病的主要传染源。沙门氏菌在环境中也广泛存在。

（二）传播途径

沙门氏菌主要通过消化道感染，带菌动物或人通过排泄物、乳汁、流产胎儿、胎衣、羊水等均可排出病菌，污染水源、饲料以及饲养环境可导致本病的暴发流行。交配和人工授精也可造成此病的传播。禽的传播则更为复杂，除上述传播途径还可通过带菌卵和呼吸道、眼结膜传播。

（三）易感动物

沙门氏菌在动物与动物、动物与人、人与人之间均可直接或间接传播，对人和动物均有一定的致病性，幼年动物较成年动物更为易感，人则以婴幼儿和老人对其抵抗力较差。

（四）流行特征

本病一年四季均可发生，潮湿多雨的季节多发。其存在广泛，多呈散发或地方性流行。环境潮湿恶劣、饮食饮水不洁，疲劳和抵抗力差都可诱发本病感染。

二、临床症状

犬和猫：感染的犬、猫往往带毒，但无临床症状或呈一过性症状不易发现。若呈现急性感染则表现胃肠炎症状。体温升高、精神沉郁、食欲减退或废绝、呕吐、腹泻、排水样或黏液样粪便，有时甚至混有血液、恶臭、脱水、行走无力、休克而死亡。幼龄和老龄犬、猫出现腹泻后，常发生菌血症和内毒素血症，体温降低，全身衰弱，昏迷。此外当肺部受到侵害还可表现出咳嗽、呼吸困难等肺炎症状，部分血清型的沙门氏菌还可引起怀孕犬、猫的流产。

禽：禽沙门氏菌根据病原体抗体结构的不同可分为三种。分别为鸡白痢、禽伤寒及禽副伤寒。

①鸡白痢。各品种鸡均易感，鸭、雏鹅、鹌鹑、麻雀、鸽子等也均可感染，以2～3周龄的雏鸡发病和病死率最高，成年鸡则较少表现急症或仅为隐性经过。潜伏期4～5天，发病后，最急性者无症状迅速死亡；病程稍缓的则精神昏沉，被毛松乱，若群养则有扎堆行为，食欲减退甚至停食，同时出现腹泻，排便稀薄如浆糊。

②禽伤寒。主要发生于鸡、鸭，孔雀、鹌鹑等也可感染，

但野鸡、鹅和鸽子不易感。成年鸡易感染此型。以发热、停食、排黄绿色稀便为主要特征。

③禽副伤寒。各种家禽及野禽均易感，雏鸟常在孵化过程中经带菌卵或孵化器感染，经常无任何症状迅速死亡，稍大的幼禽则主要表现水样腹泻。

兔：兔沙门氏菌病分为腹泻型和流产型，其中腹泻型主要发生在幼兔断奶后，体温升高，顽固型腹泻，并伴有全身症状；流产型则以流产为特征，多发生在孕期1个月左右。

猪：猪沙门氏菌病又叫猪副伤寒。急性型表现为败血症，体温突然升高、精神不振、饮食废绝、下痢、呼吸困难，耳根、胸前和腹部皮肤出现紫红色斑点。亚急性型和慢性型表现为病程初期便秘，后期下痢，粪便呈淡黄或灰绿色，伴有恶臭，病猪会迅速消瘦，部分病猪会在中后期发生弥散性湿疹。

马：可造成孕马流产；幼驹关节肿大、腹泻；公畜则多见睾丸炎。

羊：分为下痢型和流产型。下痢型以腹泻、排黏性血便、有恶臭为主要症状；流产型则造成孕羊流产或死胎，并可伴有腹泻。

三、预防措施

保持饲养环境的整洁，定期进行消毒，尤其是在高温的夏季。防止购入携带沙门氏菌的动物，应选择可靠渠道购买动物，并隔离饲养1周以上以监测其健康情况。避免尿液粪便污染宠物口粮及饮用水。不喂食宠物未经煮熟的肉、蛋、奶。

四、公共卫生安全

沙门氏菌病是常见的人兽共患传染病。人类一般通过摄入受到污染的饮用水或食品感染，而引起食物中毒。各地由于细菌引起的食物中毒中，最常见的就是沙门氏菌感染。人感染后以发热、恶心、呕吐、腹痛、腹泻为典型症状，婴幼儿及老人等免疫力低的人群则有可能出现菌血症危及生命。少数病例可见持续发热肝脾肿大的症状。

防控本病应加强食品卫生管理，重视食品安全，严格卫生检疫。

个人预防中重视饮食卫生是预防本病的关键。勤洗手，尤其是餐前、便后及接触动物后，食物加工要生熟分开，不食用未煮熟的食物（尤其是生鸡蛋）和水，吃剩饭菜低温保存，不洁食物应及时丢弃。沙门氏菌对热的抵抗力不强，60℃ 15 分钟就能将其杀灭。如有呕吐、腹泻、发热等症状应及时就医。

第六节　鼠　疫

鼠疫是由鼠疫耶尔森菌引起的一种急性、烈性传染病，主要由鼠类和啮齿类动物身上的跳蚤传播。临床主要表现为高热、淋巴结肿痛、出血、肺部特殊炎症等。鼠疫在人类历史上有三次大流行，造成了累计上亿人的死亡，也叫"黑死病"。

一、流行病学

（一）传染源

鼠疫是自然疫源性疾病。染疫动物和鼠疫患者是人间鼠疫的主要传染源，其中最主要的传染源是啮齿类动物。

（二）传播途径

鼠疫通常通过啮齿类动物身上的跳蚤叮咬进行传播，直接接触染疫动物也可经皮肤黏膜染疫，肺鼠疫患者或动物通过气溶胶也可造成本病的传播。

（三）易感动物

除啮齿类动物外，兔、猫、犬、貂等多达 300 余种动物均可感染此病。猫是本病的易感动物，通常由于食入受感染的啮齿动物或被跳蚤叮咬而感染，犬对本病有一定的抵抗力但也会感染。人则对鼠疫普遍易感，无性别和年龄差别。在我国某些地区，旱獭也是此病重要的传染源。

（四）流行特征

在世界各地，野鼠鼠疫长期持续存在。本病的流行与鼠类活动和鼠蚤的繁殖情况有关，在我国南方地区多发于春夏季，高原地区则多发于夏秋季。

二、临床症状

鼠疫杆菌通过跳蚤叮咬或接触污染物进入皮肤或黏膜，便可通过淋巴管进入淋巴结，引起原发性淋巴结炎（腺鼠疫），当病菌从淋巴结进入血液便形成继发性败血型鼠疫，可引起全身感染，发生败血症，影响多种内脏器官和神经系统。败血型鼠疫也可为原发，此时则不发生淋巴结肿大。当败血型鼠疫波及肺部就会发生继发性肺型鼠疫，直接通过肺部和呼吸道吸入病菌而感染则可能引发原发性肺型鼠疫。

猫：猫由于其捕食特性，发生本病较为常见，潜伏期因传播途径不同而产生差异，一般为 1~4 天。临床症状以淋巴结炎、败血症和肺炎常见。出现发热、厌食、嗜睡、淋巴结肿大，甚至形成脓肿、破溃流脓，常发生在颈部附近。猫原发性的败血型鼠疫常常不会出现明显的淋巴结肿大，但仍有其他症状，也可见腹泻、呕吐、心动过速、呼吸困难等症状。猫一般不会因为吸入病菌而发生原发性肺型鼠疫，但可发生继发性肺型鼠疫，会出现上述败血型鼠疫症状，同时还伴有咳嗽及肺音异常。

犬：易感性较猫低，感染后也没有猫一样明显的临床症状，会出现发热、嗜睡、颌下淋巴结肿大、口腔炎、咳嗽等症状，常呈一过性表现。

啮齿类动物和兔：往往先以腺鼠疫发病，出现出血性淋巴结炎和脾炎，其他器官的病变不明显，在亚急性和慢性病例中可见淋巴结干酪样病变，肝、脾、肺上有针尖样坏死灶。可引起啮齿动物的大批量死亡。

三、预防措施

防止家养犬猫捕食鼠类，避免宠物误食鼠类或动物尸体，减少接触流浪或野生动物而沾染跳蚤。定期给宠物进行驱虫。

保持饲养环境的整洁，定期消毒，食物密封储存，垃圾勤处理，以免引来鼠患。

当发现疑似患病动物应严格隔离，并及时上报有关部门，凡有机会接触染病动物的人员均应做好防护措施，周围环境严格消杀。

四、公共卫生安全

鼠疫是危害人类最严重的烈性传染病之一，属国际检疫传染病。19 世纪末到中华人民共和国成立，我国发生过 6 次大流行，死亡约 100 万人。中华人民共和国成立以后防控措施实施得当加上抗生素的应用，使得人感染鼠疫得到有效控制，发病率和病死率也已降到很低。近年来，鼠疫多呈散发或小规模流行。但由于鼠疫是周期性暴发传染病，鼠疫杆菌耐药性的增强也增加了防治难度，所以对鼠疫的防控绝不能放松警惕。

人类可通过跳蚤叮咬、接触病死动物以及吸入细菌和气溶胶而感染。动物和人之间的鼠疫传播主要是通过跳蚤，人和人之间的传播则主要是经过呼吸道。人在感染后其潜伏期一般为 1~6 天，个别可达 8~9 天，常见的也是腺型、败血型和肺型三种类型，也有一些少见类型，例如肠鼠疫、脑膜炎型、皮肤型等。发病初期多有毒血症状，发病急，表现高热、寒战、头痛剧烈、呕吐、呼吸急促、心动过速、血压下降、淋巴结肿痛、结膜充血等。腺鼠疫以急性淋巴结炎为特征；肺鼠疫是最严重的感染类型，以剧烈胸痛、咳嗽和大量血痰为表现，并迅速发展为呼吸困难和发绀，多因心力衰竭、出血和休克而死亡；败血型鼠疫则以皮肤广泛出血为特征。在没有治疗的情况下，腺鼠疫的死亡率高达75%，肺鼠疫则接近100%。

积极消灭动物传染源，切断传播途径是防控本病的关键。应广泛开展灭鼠、灭蚤，监控鼠间鼠疫。此外还应加强交通和国境检疫。

个人预防应做到不食用病死动物和野生动物，减少接触病死动物、野生动物及流浪动物，尤其是啮齿类动物。身处疫区或疫区周边时应采取防护措施，谨防蚊虫叮咬。高风险职业人群工作时应做好自身防护。

第七节 鼻 疽

鼻疽是由鼻疽伯氏菌引起的一种人兽共患传染病，多发于马、骡、驴等马属动物，以上呼吸道、肺和皮肤生成溃疡性结节和瘢痕为主要特征。鼻疽是已知最古老的疾病之一，曾在多个国家广泛流行。

一、流行病学

(一) 传染源

患病的马是本病的主要传染源。患病马匹的鼻腔及溃疡分泌物中常常含有大量病菌，污染草料、饮水、圈舍及周边环境。

(二) 传播途径

本病主要通过消化道传播，健康马匹和动物由于食入受到污染的饲料、饮水而感染。人类则主要通过直接接触感染，破损的皮肤和黏膜接触了污染物而感染，多与职业相关，饲养员、兽医及相关实验研究人员是高发人群。本病亦可经呼吸道传播。鼻疽患者也可传播此病。

（三）易感动物

马属动物对此病菌最为敏感，骡和驴常呈急性感染，马则呈慢性经过。犬、骆驼以及野生猫科肉食动物也可在自然条件下感染此病。实验室条件下猫和仓鼠易感性最强。

（四）流行特征

本病一年四季均发生。初期常在某地呈暴发流行，如不及时根除，则会造成长期留存。人的鼻疽多呈散发。

二、临床症状

本病在临床上分为急性、慢性和隐性三种类型。

急性型鼻疽：表现为体温升高至 39～41℃，呈不规则热，呼吸急促，脉搏加快，精神不振，颌下淋巴结肿大，可视黏膜潮红并有轻度黄染等特点。根据临床症状又可分为肺鼻疽、鼻腔鼻疽和皮肤鼻疽。鼻腔鼻疽和皮肤鼻疽经常向外排毒，故为开放性鼻疽。

肺鼻疽以肺部症状为特点，肺部有啰音，表现为不同程度的呼吸困难、咳嗽等；鼻腔鼻疽表现为鼻黏膜潮红，可见一侧或两侧鼻孔流出浆液、黏液性鼻水，鼻黏膜上出现小米至高粱米大的结节，突出黏膜表面，呈灰白色，周边有红晕围绕，结节坏死后形成溃疡，溃疡可相互融合，边缘不整，周边隆起，溃疡面为灰白或黄白色，重者可导致鼻中隔和鼻甲壁黏膜坏死脱落，甚至鼻中隔穿孔；皮肤鼻疽以四肢（尤其是后肢）、胸及下腹等部位发生局限性炎性肿胀继而形成硬固的结节为特点，结节破溃后脓液排出，形成火山口形状的溃疡，边缘不整齐，中间凹陷，呈灰红色，难以愈合，后肢皮肤发生鼻疽时可见明显肿胀变粗。

慢性型鼻疽：临床症状不明显，有的可见一侧或两侧鼻孔流出灰黄色脓性鼻水，在鼻腔黏膜常见糜烂性溃疡，有的在鼻中膈形成放射状斑痕。慢性型病程较长可持续数月甚至数年。

三、预防措施

本病目前尚无有效的疫苗，饲养、检疫、隔离、处理和消毒是预防关键。加强饲养管理、保持饲养环境卫生、定期消毒、提高马匹的抵抗力。购入和调运马属动物必须来自非疫区，出售马属动物的单位和个人，应在出售前按规定报检。发现疑似患病马属动物后，应立即隔离患病马属动物，并立即向当地动物防疫监督机构报告。一旦确诊均须做无血扑杀。在检疫过程中，如若发现确诊动物，应立即对其活动场地、饲养用具等进行彻底消毒。

四、公共卫生安全

人的感染往往与接触史和职业相关，但也有食用病马肉被感染的报道。人感染后可分为急性型和慢性型，急性型潜伏期一般为1周，常常突发高热，伴有头痛、腹泻、呕吐等症状，皮肤出现疱疹，继而变为结节、脓肿和溃疡，后发生转移性损害，侵犯周围皮肤、皮下组织和淋巴结。若病菌侵犯鼻黏膜，则鼻中隔、腭部有可能出现坏死性组织破坏；侵入呼吸道，则出现血性黏液性鼻涕。此病菌还可引起菌血症、肺炎、内脏多发性脓肿、多发性关节炎，如不及时治疗则引发死亡。慢性型则潜伏期较长，发病缓慢，临床症状轻微，以皮下或肌肉发生结节、脓肿和溃疡为特点，反复发作。慢性型可自然痊愈，但也可引发菌血症导致死亡，应及时就医。

目前本病尚无有效的疫苗，人间防治往往依靠个人防护，凡有机会接触患病动物或其污染物的人员均应严格防护。

第八节　类鼻疽

类鼻疽是由类鼻疽伯氏菌（类鼻疽杆菌）引起的一种人兽共患传染病，以发生化脓性、干酪样病变为主要特征，人和大部分哺乳动物均可感染，多数为散发病例。

一、流行病学

（一）传染源

类鼻疽杆菌是广泛存在的腐生菌，主要存在于热带、亚热带地区的水源和土壤中，但也可以存在于温带地区。

（二）传播途径

类鼻疽主要通过皮肤或伤口传播，动物和人常因为接触到了受污染的水源及土壤而感染。通过消化道、呼吸道和泌尿生殖道也能感染此病，但并非其主要的感染方式。

（三）易感动物

人和多种哺乳动物都对此病易感，其中最常见于羊和猪，犬、猫、马、牛、羊驼、骆驼、鹿和灵长类动物也都有易感性。另外，海豚、鸟类和爬行动物也都可感染此病。

（四）流行特征

类鼻疽的流行往往与环境因素相关，多发于高温、多雨的季节。暴雨、洪水后若伴随高温高湿的气候最易暴发。大规模的挖掘活动、水源污染也可能造成此病的流行。在我国，南方热带、亚热带气候地区比较适合该病菌生存。

二、临床症状

类鼻疽的临床表现主要取决于感染部位和范围。感染后可形成一个或多个脓肿或干酪样结节，剖检时可见，最常发生于肺脏、脾脏、淋巴结、肝脏和皮下组织。

猪：急性型多见于幼猪，病死率很高，临床表现发热、厌食、咳嗽，有脓性眼鼻分泌物，关节肿大，跛行，公猪则睾丸肿大。成年猪一般不表现临床症状，死后剖检偶见淋巴脾脏脓肿。

山羊和绵羊：以羔羊较为常见，病死率较高。山羊常常发生睾丸炎、乳房炎和乳房顽固性结节，绵羊则以呼吸道症状为主要表现，出现发热、咳嗽、眼鼻有黏液性脓性分泌物、呼吸困难或急促、食欲减退或废绝等症状；如若腰椎和荐椎发生化脓性病变，则可见后躯麻痹，呈犬坐姿；若引发化脓性脑膜炎则会出现转圈、共济失调、眼球震颤、抽搐等神经症状。

马：马的症状与马鼻疽症状相似。常见急性肺炎、腹痛、腹泻、鼻黏膜结节、流浆液性脓性鼻涕等症状。

犬：犬的症状分为急性型、亚急性型和慢性型。急性型表现为脓毒症引发全身炎症反应，常见发热、严重腹泻和肺炎；亚急性型表现为淋巴管炎和淋巴结炎，如不及时治疗则可能转变为脓毒症；慢性型则可见体温升高、食欲减退、肌肉疼痛、四肢水肿等症状。

猫：主要表现呕吐、腹泻等症状。

三、预防措施

此病目前尚无用于预防的有效疫苗。只能通过一般的卫生防疫手段防止感染。加强动物的饮食饮水管理，避免接触污染物，尤其是在热带和亚热带地区，应避免接触死水。加强动物的检疫。患病的人或动物的排泄物、分泌物可用漂白粉进行消毒。疑似患病动物要做隔离处理。

四、公共卫生安全

类鼻疽杆菌虽然可使人和动物感染致病，但带菌动物并非主要传染源，主要还是由于接触了含有病菌的土壤和水。此外免疫缺陷人群也更易感染此病。

人的类鼻疽临床表现差异很大。可分为急性型、亚急性型、慢性型和亚临床型四种。急性型病程短，表现败血症症状，寒战高热、呼吸急促、肌肉疼痛、咳嗽，常咳出带血脓痰、胸痛、肺部啰音、淋巴结及淋巴管发炎，还可见腹泻、腹痛、黄疸、肝脾肿大等症状。亚急性型表现为肺部和泌尿生殖系统感染，由急性感染消退后形成多发性化脓性病灶。慢性型病程可达数年，典型病例以肺上叶空洞性病变为主要表现。亚临床型在流行地区中有相当数量的人群，临床症状不明显，病菌可在体内长期潜伏，血清中可测出特异性抗体。

该病的传播有较强的地域性和职业性，感染人员往往可追溯到接触史，因此兽医、动物检疫人员等有机会接触患病动物的从业人员应做好个人防护。另外，在热带和亚热带地区农忙季节，水田也是危险的传播地，若皮肤有伤口应避免田间劳作。

隔离治疗和动物检疫也是防控类鼻疽的必要措施。

第九节　李斯特菌病

李斯特菌病主要是由单核细胞增多性李斯特菌（也称李氏杆菌）引起的人、家畜和禽类的共患传染病。人和哺乳动物以脑膜炎、败血症和单核细胞增多症为表现特征；禽类和啮齿动物则主要表现脑膜炎、坏死性肝炎和心肌炎。

本病直到20世纪20年代才被确认为人兽共患传染病。李斯特菌是一种重要的食物传播传染病，可引起食物中毒，奶及奶制品、肉制品、水产品和水果蔬菜等食品常被此菌污染。

一、流行病学

（一）传染源

李斯特菌广泛分布在自然界中，土壤、污水、植物、饲料、动物粪便、垃圾中也可分离出此菌。患病和带菌的动物也是本病重要的传染源，其排泄物、乳汁、眼鼻分泌物、精液和生殖道的分泌物都可分离到李斯特菌。

（二）传播途径

本病主要因食入了被污染的食品或水经消化道传播。也可经呼吸道、眼结膜和损伤的皮肤感染，孕妇若感染此病可通过胎盘垂直传播给胎儿。

（三）易感动物

李斯特菌易感动物范围广泛，多种哺乳动物和禽类都对此病易感，其中最易感的是牛、兔、犬和猫。人群中主要见于新生儿、孕妇、老人和免疫缺陷者。

（四）流行特征

本病多为散发，偶尔呈地方流行，温带比热带多见。致死率很高。

二、临床症状

兔：常见于幼兔和怀孕母兔。分为急性型和慢性型。急性型幼兔发病突然，卧地抽搐，口吐白沫，嘶叫，几小时内便可死亡。怀孕母兔则在产前一周左右发生流产，食欲废绝，呼吸急促，口吐白沫，此外还表现肌肉震颤、冲撞、转圈、痉挛等神经症状，几小时内迅速死亡。慢性型则病程稍缓，幼兔精神沉郁，常独自窝在角落，体温升高，发生脓性结膜炎，口吐白沫，鼻腔分泌物增多，怀孕母兔表现为流产、腹泻和神经症状，慢性型病兔常在几天内因衰弱而死亡。

猪：主要表现为中枢神经系统功能障碍。哺乳期的仔猪多为急性发病，常突然发病，体温升高至 41～42℃，吮乳减少，呼吸困难，粪便干燥，排尿少，皮肤发紫，后期体温下降。断奶后仔猪多表现为脑炎症状，兴奋、共济失调、肌肉震颤、步态不稳、后肢麻痹等神经症状；严重的卧地抽搐，口吐白沫，四肢划动，给予轻微刺激便发出惊叫。成年猪病程较缓，多为慢性型，表现为共济失调、步态强拘，有的有后肢麻痹等症状，病程可达半个月以上。孕猪常常发生流产。

鸡：急性发作的鸡常常不见症状突然死亡。慢性型则可见呼吸困难、腹泻、消瘦、抽搐、斜颈等症状。

三、预防措施

此病目前尚无用于预防的有效疫苗。只能通过一般的卫生防疫手段防止感染。加强动物的饮食饮水管理，避免接触污染物；不喂食宠物生肉和生乳；加强灭鼠；保持饲养环境卫生，定期消毒。

四、公共卫生安全

李斯特菌病是重要的食物源性传染病，机体健康人群通常不会感染发病，受感染风险最大的是孕妇、老人、小孩及免疫系统不全的人群。

人发病时，常表现脑膜炎症状，发病突然，头痛剧烈、嗜睡甚至昏迷，颈项强直，随后可能出现败血症。部分病例也可见肝脏、心脏的损害以及皮肤和眼部感染。孕妇则症状比较温和，类似流感，但在妊娠前 3 个月常发生流产，且后期感染新生儿。

李斯特菌病主要是通过消化道传播，所以预防一般食源性传播疾病的措施也同样对本病的预防有效。虽然尚无人与人之间，或是人与宠物之间互相传播报道，但带菌的人或动物仍可排菌造成食物和环境的污染，所以保持良好的饮食卫生是预防本病的关键。勤洗手，尤其是餐前、便后及接触动物后。食物加工要生熟分开；食物要彻底煮熟；保持食材新鲜。低温并不能影响李斯特菌的繁殖，所以不能吃完的食物再次食用前应彻底加热；不洁食物应及时丢弃。

第十节　猫抓病

猫抓病是由汉塞巴尔通体（巴尔通体是一类短小的棒状杆菌，目前已证实可感染人类的巴尔通体有汉塞巴尔通体、五日热巴尔通体、杆菌样巴尔通体、伊丽莎白巴尔通体、文氏巴尔通体阿氏亚种等）感染引起的以皮肤原发病变和局部淋巴结肿大为特征的自限性传染病，因为首次发现本病时，多数患者发病前都有被猫咬伤、抓伤的接触史，故称其为猫抓病，也叫猫抓热、良性淋巴网状内皮细胞增生症等。

一、流行病学

（一）传染源

巴尔通体的传染源主要是带菌的猫，尤其是 1 岁以下幼猫。

（二）传播途径

病原体可通过跳蚤、虱、白蛉等昆虫媒介在猫群中传播，也可通过咬伤、抓伤传播。

（三）易感动物

除猫外，目前可确认的宿主或潜在宿主还有犬、兔、牛、鼠以及蝙蝠、美洲狮和狐狸等野生动物；人类感染巴尔通体的途径仍不明确，蚊虫叮咬有可能是主要传播途径，犬猫抓咬、舔舐也可能传播病原体。

（四）流行特征

本病在世界各地广泛存在，具有明显的季节性，秋冬高发。

二、临床症状

巴尔通体对猫的红细胞产生较强的破坏作用，导致贫血。急性感染的猫一般在感染一周内出现症状，体温升高、精神沉郁、食欲下降、心率加快、呼吸急促、可视黏膜苍白、脾脏肿大，此外还常见黄疸、血红蛋白尿。慢性感染可表现为精神不振、体重减轻、血红蛋白减少、贫血、体温降低等症状。猫一旦感染巴尔通体病，便终身携带病原，当猫免疫力下降便可复发。犬多呈隐性感染，当犬接受过脾摘除手术，或与其他原虫、细菌、病毒发生混合感染时，则可能出现精神不振、可视黏膜苍白或黄染、腹部疼痛等较明显的临床症状。

三、预防措施

避免家猫与流浪猫接触，降低感染风险。保持饲养环境整洁、卫生，定期消毒；驱蚊驱虫，降低猫被跳蚤或其他吸血类节肢动物叮咬的风险。

四、公共卫生安全

人感染后的潜伏期为 3~10 天，多呈轻症，在被抓伤或咬伤部位出现红色丘疹常被误认为是蚊虫叮咬所致，大约 4 周后会在伤口近端出现淋巴结肿大，部分患者还可出现发热、厌食、乏力等症状。此外，本病还可累及除淋巴系统外的组织器官，表现各种不同症状，例如眼病型表现眼中异物感、红眼、视力受损；脑病型表现癫痫、昏迷、头痛等神经症状；肝脾型表现高热、腹痛等。

本病多见于 18 岁以下的儿童和青少年，男性略多于女性。尽管多年来认为猫与本病的传播有关，但确切感染途径仍有待考证。近年来，跳蚤被认为在此病的传播中起到了重要作用。

预防此病应避免与宠物过分亲密接触，防止被犬、猫抓伤或咬伤；加强防蚊防虫措施，避免蚊虫叮咬。

第十一节　链球菌病

链球菌病是由多种不同群的链球菌引起的人兽共患传染病的总称。链球菌广泛分布在自然界中，链球菌血清型众多，其致病力、宿主、所引发的疾病及临床表现也不尽相同，其中感染人并引起重症的主要是猪链球菌Ⅱ型。

一、流行病学

（一）传染源

患病动物和病死动物是本病最主要的传染源，无症状和病愈后的带菌动物也可排毒。

（二）传播途径

动物间主要经呼吸道和消化道传播，也可经胎盘垂直传播。

（三）易感动物

各年龄、性别和品种的猪都易感，对山羊、兔和人也有致病力。

（四）流行特征

本病一年四季均可发生，以7—10月湿热多雨的季节最为常见。动物的饲养条件、运输条件、气候等因素都与本病的发生与流行有关。本病一般呈点状散发。猪常发于 16 周龄以下。

二、临床症状

主要引发猪的败血症、脑膜炎、关节炎和淋巴脓肿。

①败血型。发病急，可不见任何症状突然死亡。病程稍缓和的则突然停食，精神萎靡，体温升高至 42℃，口鼻黏膜潮红，头面部水肿，流泪或有分泌物，流脓性灰白色鼻涕，继而迅速消瘦、衰弱，皮肤发绀，颈部、腹部、四肢下端皮肤出现紫红色出血斑。病死率极高。

②脑膜炎型。此类型多发生于哺乳或断奶仔猪，常常与母体带菌有关。初期体温升高可至 42.5℃，食欲废绝，便秘，流浆液性、黏性鼻液，并很快出现步态不稳、共济失调、盲目转圈等神经症状，当有人接触或接近则突然倒地，四肢划动。

③关节炎型。以关节肿胀，跛行为主要特征，严重时可造成瘫痪。

④淋巴结脓肿型。以下颌、咽部、颈部等处淋巴结脓肿、坚硬为表现，局部温度升高，触摸疼痛，进食、吞咽困难。病程 3~5 周，此类型多数可痊愈。

三、预防措施

在购买动物时应确认健康状况，隔离饲养两周以上无相应症状方可饲养。保持饲养环境清洁、干燥，定期对环境用具进行消毒。精心饲养，提高动物自身抵抗力。

四、公共卫生安全

人间病例会随着动物发病率的增加而增长。人的感染有一定的职业特点，畜禽饲养管理人员，屠宰场、动物制品加工、运输、销售人员，兽医等职业发病人数较多。人主要经过损伤的皮肤和黏膜感染，也可通过食用被污染的肉类通过消化道感染。在发生症状前7日内有过病死动物接触史的需要重点关注此病。

人感染后可引起人脑膜炎、败血症、心内膜炎、关节炎和肺炎。造成中毒性休克综合征，突然高热，急发病、畏寒、发热、全身肌肉痛、恶心、呕吐、腹泻，多器官衰竭病死率极高。

在本病的防控环节中应严禁屠宰、剖检、加工和贩卖病死猪。

在个人防护方面应做到不购买未经检疫或来历不明的猪肉；在处理生肉过程中尽量戴手套，皮肤如有伤口，应避免接触生肉；不食用未熟煮的肉类，生熟砧板要分开。如有接触史且出现相应症状应及时就医。

此外，链球菌抵抗力不强，煮沸法或常用消毒药剂作用3~5分钟均可将其杀死。但其在低温环境下存活时间较长，冷冻可存活半年。

第五章　寄生虫性宠物人兽共患传染病

第一节　弓形虫病

弓形虫病又称弓形体病，是由刚地弓形虫引起的一种人兽共患的原虫病。本病的分布范围极广，人和温血动物均可感染，城市宠物中多以猫、犬感染最为常见，一般为隐性感染，孕妇感染此病，可导致胎儿畸形、流产、死产和早产。弓形虫病是城市人群应重点防治的人兽共患传染病之一。

一、流行病学

（一）传染源

染病和带虫动物是本病主要的传染源。弓形虫生活史中各个时期都具有感染性。可通过猫粪便中的卵囊、受感染的肉类组织和胎盘传播。弓形虫是一种细胞内寄生虫，它的整个生长周期分为滋养体（又称速殖子）、包囊（组织囊）、裂殖体、配子体、卵囊五个阶段，生长过程需要两个宿主，即中间宿主和终末宿主，其中滋养体和包囊会出现在中间宿主体内，裂殖子、配子体和卵囊仅出现于终末宿主体内，猫科动物是弓形虫的唯一终末宿主，可随粪便排出卵囊，卵囊可污染周遭水源、土壤、食品等成为传播隐患，但在本病的传播过程中终末宿主并非必要环节。

（二）传播途径

在本病的传播过程中，终末宿主（猫科动物）并非必须参与，中间宿主间（人和其他动物）可相互传播。弓形虫病的传播途径有多种，经口传播是弓形虫最主要的传播途径，人或动物吞食了卵囊、带虫的肉类、蛋、乳都会感染；其次是经胎盘传播，弓形虫可通过血流经胎盘感染胎儿；此外，速殖子还可经损伤的皮肤、黏膜和飞沫等途径传播，但此类传播并非主要的传播方式。

（三）易感动物

弓形虫的易感动物范围广泛，除哺乳动物外也可寄生于鸟类和鱼类，犬、猫、猪、牛、羊、兔、马、骆驼等200余种哺乳动物均可感染。人类普遍易感。

（四）流行特征

本病一年四季均可发生，但温暖潮湿的地区感染率更高。我国农村的感染率高于城市，成人高于儿童，多与职业相关。

二、临床症状

动物的临床症状往往取决于其免疫力和体内速殖子的释放

数量，幼年动物往往较成年动物症状明显。

猫：大多数情况无症状，当机体免疫力低或速殖子数量较大、毒力强劲时可出现发热、咳嗽、呼吸急促、眼鼻有分泌物、可视黏膜苍白、肌肉疼痛、运动失调、腹泻等症状，偶尔可见黄疸、脑炎和流产。幼猫则常常衰弱死亡。

犬：临床症状与犬瘟热相似，主要表现为发热、食欲减退、眼和鼻有分泌物、黏膜苍白或黄染、咳嗽、呼吸困难、腹泻或呕吐，随后出现麻痹等其他神经症状。怀孕母犬发生流产或早产，所产犬仔往往出现排稀便、呼吸困难和运动失调等症状。

猪：体温升高，可达 40.5～42℃，精神不振，食欲减退，呼吸困难。呈犬坐姿势，出现眼鼻分泌物，感染初期便秘、后期则出现腹泻，嘴部周围、耳部、下肢及下腹等皮肤处出现紫红色斑块或出血点，或可在耳部形成皮痂发生干性坏死。发病后数日可能出现后肢麻痹、痉挛等神经症状。孕猪常发生流产或死胎。

三、预防措施

不喂食宠物生肉、蛋和乳制品；限制宠物活动，外出时使用牵引绳，禁止其捕食老鼠、鸟类等野生动物或在野外水源饮水；应防止猫粪便污染水源及饲养环境，猫砂盆应及时清理，可用沸水消毒；犬、猫混养家庭应避免犬吞食猫粪便；定期给宠物做弓形虫监测。

四、公共卫生安全

本病尚无疫苗。人感染弓形虫后，多数呈无症状感染，但免疫力低下者则可出现严重症状，可表现淋巴结炎、肺炎、心肌炎、肠炎、肝炎、贫血等，孕期感染虫体可经胎盘传染胎儿，孕妇发生流产、死胎或产出胎儿患弓形虫病，受感染的胎儿可呈隐性感染，直至出生后数月甚至数年才出现症状，可见脑部损害、眼球畸形、肝脾肿大合并黄疸。

猫是本病的终末宿主，可向外排出卵囊污染环境，对人类构成一定威胁，但感染过程中不一定需要猫的参与，实际上有生食习惯的人比饲养宠物的人更容易感染弓形虫。预防此病还需从多个方面入手：要保持环境卫生，提高自身免疫力；养成良好的卫生习惯，饭前和接触动物后均应洗手；避免生食，家中生熟厨具要分开；减少接触流浪动物；有猫家庭清理猫砂时应佩戴手套，处理后应及时清洗双手，孕妇应避免清理猫砂，并定期监测弓形虫抗体。

第二节　利什曼原虫病

利什曼原虫病是指由利什曼原虫属的各种原虫引起的一种疾病，已知的利什曼原虫超过 20 种，大多数都可导致人和动物共同发病。利什曼原虫为细胞内寄生虫，寄生于人或动物的巨噬细胞，并在巨噬细胞内增殖，主要通过白蛉叮咬传播，不同的利什曼原虫所导致的临床症状不一样。

一、流行病学

（一）传染源

患者和染病动物是本病的主要传染源。

（二）传播途径

自然状态下白蛉叮咬是本病的主要传播方式。利什曼原虫的生活史分为两个阶段，分别在白蛉体内和哺乳动物体内完成，白蛉吸食血液时将带虫巨噬细胞吸入，在其体内繁殖后（这个过程往往需要7~8天），随着白蛉再次吸血进入健康的人或动物体内进行增殖。此外，实验状态下实验动物咬伤也可造成感染。

（三）易感动物

人、犬、狼、狐狸、草原鼠、猫和马等动物易感。白蛉的种类很多，并非所有种类都可造成此病传播，可以传播利什曼原虫病的仅是其中的一小部分。

（四）流行特征

利什曼原虫病广泛分布于亚洲、非洲、拉丁美洲、美洲等地区，野生动物多有感染，人类进入感染区即有可能被感染，是严重威胁人类健康的人兽共患寄生虫病。

在我国流行的利什曼原虫为杜氏利什曼原虫，寄生于内脏巨噬细胞引发内脏利什曼病，也称黑热病。在全球范围黑热病是仅次于疟疾的致死性寄生虫传染病。犬是杜氏利什曼原虫的主要贮存宿主，人则多发于幼儿和营养不良免疫力低下人群。

二、临床症状

犬的感染可分为三种类型，大多数犬没有症状，可以自愈，属良性感染。中度感染则以皮肤脱毛溃疡、消瘦、后肢无力为特点，潜伏期可达数周至1年以上，病程缓慢，发病初期没有明显症状，仅有发热畏寒等表现，渐渐发生被毛粗糙脱落、皮肤粗糙、皮脂外溢，出现白色糠秕样的鳞屑，有时皮肤增厚出现结节和溃疡，尤其在耳、鼻和眼周等部位最为明显，常呈"眼镜"形状。发病晚期则出现精神不振、食欲减退、消瘦、贫血、声音嘶哑等症状。急性感染则病程很短，往往在数周内死亡。

三、预防措施

利什曼原虫病的预防重点是防治白蛉，从而切断本病的传播途径。另外，消除传染源也是必要的预防措施，对疑似患者应及时隔离治疗，犬作为利什曼原虫的贮存宿主，一旦确诊应做扑杀处理，防止成群感染。

四、公共卫生安全

本病流行区，人感染内脏利氏曼病后潜伏期长短不一，可达10天至9年，平均3~5个月，表现为缓慢发展；非流行区散发病例感染后潜伏期为2~3年，起病急。其典型临床症状可见长期发热、头痛、厌食、消瘦、乏力、腹痛腹泻，可达数月，其间可见肝、脾淋巴结肿大，偶有黄疸，后期则可出现贫血、脱发、皮肤粗糙、皮肤颜色加深等症状。此外，一些病例还可见皮肤损害，表现为结节、丘疹和红斑，偶见褪色斑，以面部、颈部居多；浅表淋巴结肿大则多见于婴幼儿，腹股沟部位多见花生米或蚕豆大小的肿块，可融合成可移动的大块状。

本病在中华人民共和国成立初期曾在长江流域以北地区大规模流行，后经有序防治在 1958 年得到了基本控制，但 2000—2020 年该病发病病例有所增加，应引起重视。

本病的防控应从清除传染源、防治白蛉和消灭保虫宿主三方面进行，在流行区定期普查，及时发现及时治疗，采取药物灭蛉、物理防蛉等方式减少白蛉的繁殖和侵袭，此外在流行地区应对犬和野生动物加以监测，消灭保虫宿主。

在个人防护方面，平时应保障营养均衡摄入，增强自身抵抗力；加强防蛉措施，尤其在流行地区和每年 5—9 月白蛉活动季节。

第三节　旋毛虫病

旋毛虫病是由旋毛形线虫寄生于人或动物体内引起的人兽共患寄生虫病。约有 150 种野生动物可自然感染。

一、流行病学

（一）传染源

携带旋毛虫的动物是本病的主要传染源。旋毛虫是一种很小的线虫，肉眼很难辨认。旋毛虫的宿主范围极广，几乎所有哺乳动物、肉食鸟类及某些昆虫都可能感染，其成虫和幼虫寄生在同一宿主体内，成虫寄生于宿主小肠，并在此完成交配，后雌虫进入肠系黏膜的淋巴结中产出幼虫，幼虫随血液被带往全身，在到达肌肉组织后开始发育成包囊。旋毛虫对外界环境的抵抗力较强，在−12℃条件下可存活 57 天，在腐肉中可存活 100 天以上，70℃左右时则快速死亡。

（二）易感动物

猪、犬、猫、熊、狐、貂、狼等均是易感动物。人普遍易感。

（三）传播途径

人或动物由于摄入了旋毛虫包囊而感染本病。人多是因为摄入了含有其包囊的肉类，动物的摄入风险则更大，除了食用生肉还可以通过吞食泔水、动物尸体、鼠类、粪便或昆虫而感染。

（四）流行特征

散养动物比圈养动物易感。人的感染多与饮食卫生习惯相关。

二、临床症状

动物感染后往往症状轻微很难引起重视，严重感染则表现食欲减退，腹泻，呕吐，发热，肌肉疼痛、麻痹，运动障碍等症状，有的则可见四肢和眼睑水肿。

三、预防措施

在宠物预防方面，应注意饲养环境卫生，及时清除垃圾，不喂食宠物生肉；外出时使用牵引绳，禁止其在外捕食；定期为宠物驱虫。

四、公共卫生安全

旋毛虫病在我国云南、河南、湖北等地高发，曾有过多次暴发性流行，其原因多与饮食习惯相关。

人感染旋毛虫后症状明显，且由于其分泌代谢的产物具有毒性，严重感染可致人死亡。感染症状与虫体侵犯部位有关，当成虫在小肠时可引起肠炎症状，表现恶心、呕吐、腹痛、腹泻、低热等。幼虫移行进入肌肉的阶段，则表现发热（多为38~40℃）、头痛、肌肉疼痛，颜面部特别是眼睑水肿，皮疹、消瘦、吞咽困难，当感染严重累及心、肺、中枢神经系统则会分别出现心肌炎、呼吸困难、抽搐等相应的症状。人的症状轻重与其感染程度和体质有关。

本病在个人防护方面应注意养成良好的饮食卫生习惯，烹调肉食彻底煮熟，生熟厨具须分开。旋毛虫的包囊在70℃作用10分钟即可被杀死。另外，动物及肉类产品的检疫在此病的预防方面起着至关重要的作用。

第四节　棘球蚴病

棘球蚴病也叫包虫病，是由棘球绦虫的幼虫寄生所致的慢性人兽共患寄生虫病。棘球蚴的种类有十余种，目前公认的可感染人的棘球蚴有四种：细粒棘球蚴、多房棘球蚴、少节棘球蚴和福氏棘球蚴，在我国主要存在的是细粒棘球蚴和多房棘球蚴。

一、流行病学

（一）传染源

犬是本病的重要传染源。犬体内的虫体数量可达数万条。棘球蚴的孕节黏附在犬肛门周围蠕动，诱使犬舔舐、摩擦，使其沾染到犬身体其他部位，虫卵再随着犬的活动被散播到周围环境中。此外，昆虫和风也可帮助虫卵散播。在放牧地区，羊食用牧草的感染率非常高。棘球蚴需要终末宿主和中间宿主才能完成生活史，犬、猫、狼、狐等肉食动物是棘球蚴的终末宿主，牛、羊、猪、啮齿动物和人是其主要的中间宿主。棘球蚴的成虫寄生在终末宿主的小肠，虫卵或孕节被排出后污染被毛、食物、水源和环境，被中间宿主误食后，在十二指肠发育成六钩蚴，再随血液和淋巴循环进入肝、肺、脑等器官发育成棘球蚴。含有棘球蚴的内脏被终末宿主食入便在其小肠中发育成成虫。

（二）传播途径

主要经消化道传播。

（三）易感动物

犬科动物、猫科动物、蹄类动物、啮齿动物均可感染此病，人群普遍易感。

（四）流行特点

本病呈世界性分布，以牧区多见。我国主要在西北地区流行。

二、临床症状

轻度或初期感染的动物一般无明显症状，严重感染的犬、猫则表现腹泻、呕吐、消化不良，消瘦，贫血，肛门瘙痒，有时腹泻和便秘会交替发生，有些出现神经症状，在粪便或肛门周围或可见绦虫节片；羊则表现为营养不良、被毛逆立、脱毛，咳嗽，卧地不起，病死率较高。

三、预防措施

保持饲养环境的干燥卫生；避免宠物食入内脏和动物尸体；定期为宠物驱虫。

四、公共卫生安全

绦虫的寄生寿命可达数年，其孕节可自行爬出肛门散播虫卵，虫卵对外界的抵抗力较强，在潮湿环境中可长时间生存。

人常因接触了犬、猫的皮毛致使双手沾上虫卵，然后经口感染；或是食入了被虫卵污染的水和食物而感染。在人体内，棘球蚴主要寄生于肝脏，其次是肺、脑、骨髓及其他部位。当感染肝脏时，患者食欲减退，消化不良，右上腹出现疼痛、有压迫感，腹泻，黄疸，严重时右上腹出现包块；肺部感染则表现干咳、咳血、呼吸急促、胸闷等症状；当累及脑则患者出现头痛、癫痫、偏瘫等症状。棘球蚴不仅可以对人体组织造成损伤，引发功能障碍，还可以引起继发感染，导致死亡，危害十分严重。

加强屠宰检疫是防控本病的关键。在个人防护方面，一旦发现宠物感染此病应立刻治疗，并对家中其他宠物进行驱虫；养成良好的饮食卫生习惯，不喝生水，不食生肉，生熟砧板要分开；与宠物接触后要及时清洗双手。

第五节　囊尾蚴病

囊尾蚴病又称囊虫病，是由猪带绦虫的幼虫寄生于猪或人体各组织器官所引发的寄生虫病。其幼虫危害远大于成虫。

一、流行病学

（一）传染源

患病的人是本病的传染源，在自然条件下人是猪带绦虫的唯一终末宿主。猪带绦虫的成虫寄生于人的小肠，其含有生殖器官的成熟节片随粪便被排出体外，孕节或虫卵污染水源、食物被猪误食后，在消化液的作用下虫卵内的六钩蚴逸出，进入血管和淋巴，随血液及淋巴液循环到达肌肉、心、脑等组织，发育成具有感染力的囊尾蚴。人吃了含有囊尾蚴的猪肉而感染，在小肠内发育成成虫。人体小肠内的猪带绦虫寿命可达 25 年，其排出的虫卵在泥土中亦可存活数周。

（二）传播途径

主要是由于食入被虫卵、孕节污染的食物经消化道感染。人还可发生自体感染。

（三）易感动物

人和猪对此病易感，野猪和猪是最主要的中间宿主，人也可以作为中间宿主。

（四）流行特征

猪带绦虫及囊尾蚴病广泛分布于世界各地，在我国分布也相当广泛，在云南、贵州、广西、四川等地区呈地方性流行。在我国的流行多与饮食习惯相关。

二、临床症状

猪感染后一般没有明显症状，严重感染的猪表现营养不良，生长迟缓，贫血，肌肉水肿，舌根部有半透明的小包囊，肩膀外展增宽，臀部隆起，使猪的身体呈哑铃甚至葫芦状，行走困难，某些器官严重感染时可出现相应症状，如呼吸困难、吞咽困难、视力障碍等。

三、预防措施

在流行地区加强对囊尾蚴的检疫和筛查，加强卫生管理，防止猪食入被虫卵和孕节污染的水和食物。

四、公共卫生安全

人感染囊尾蚴的方式主要有三种：一是通过未煮熟的带有囊尾蚴的猪肉而感染；二是食入了被虫卵污染的食物或水；三是猪带绦虫的感染者还可因小肠内的孕节或虫卵逆流至胃而导致自体感染。人的感染多发于青壮年，农村比城市高发，男性比女性高发。

囊尾蚴的寄生部位非常广泛，包括皮下、肌肉、眼、脑、心、肺等，人感染囊尾蚴后因虫体寄生部位和数量而表现不同的临床症状。

皮肌型：囊尾蚴寄生于皮下及肌肉内，形成质地较硬的圆形或椭圆形结节，界限清晰、无压痛、活动性大，主要分布在头颈及躯干，数目可多达上千个。

脑型：囊尾蚴寄生于神经系统，对人体危害最严重，可引起癫痫、颅内压增高和精神障碍，也是最常见的囊虫病类型。

眼型：多为单眼感染，可引起视力减退及失明。

猪囊尾蚴和猪带绦虫病在我国危害严重，主要分布于东北、华北、中原和西南地区，和人们饮食卫生习惯相关。防控本病应在本病流行地区进行人体驱虫，消灭传染源，做好人类粪便的处理和厕所管理；加强肉品卫生检验，防止患囊尾蚴的猪肉进入消费市场。

在个人防护方面，要养成良好的饮食卫生习惯，做到不食用未煮熟的猪肉，坚持生熟厨具分开，防止发生交叉污染；生食的水果和蔬菜要清洗干净；餐前便后要洗手。

第六节　蛔虫病

蛔虫病是由蛔虫寄生于人和动物的小肠及其他组织所引起的人兽共患寄生虫病。蛔虫的种类有很多，其中常见的能引起人兽共患病的有人蛔虫（似蚓蛔线虫）、犬弓首线虫、猫弓首线虫、猪蛔虫和小兔唇线虫等。

一、流行病学

（一）传染源

患病的人和动物是本病主要的传染源。蛔虫的生活史不需要中间宿主，其成虫在宿主小肠内交配并产卵，卵随宿主粪便排到体外，此时的卵还没有感染能力，在适宜的条件下，卵脱皮发育成感染性虫卵，被人或动物吞食，到小肠后孵化发育成幼虫，幼虫穿过肠黏膜进入静脉，并随血液经过肝、心脏，最后到达肺，幼虫在肺泡内经两次蜕皮后，随咳嗽、吞咽又被吞入胃中，进入小肠发育成成虫。

（二）传播途径

蛔虫病主要通过消化道感染。虫卵被患病的人和动物排出体外，污染水源、环境、食物等，人或动物因食入附有虫卵的蔬菜、水果、尘土而染病。

（三）易感动物

犬、猫、猪等动物易感。人普遍易感。

（四）流行特征

多呈散发，农村地区较城市高发。

二、临床症状

动物感染本病后，表现为消瘦、食欲减退、营养不良、异食、呕吐、腹泻、肺炎、发热、贫血等症状，仔猪、幼猫、幼犬等幼龄动物则症状更为严重，咳嗽、发热、呼吸困难、腹围增大、被毛粗糙、发育停滞。感染严重时，在其呕吐物和粪便中常可见蛔虫被排出。

三、预防措施

应保持饲养环境卫生，注意饲料和饮水卫生，及时清除粪便，定期给犬、猫进行驱虫。

四、公共卫生安全

蛔虫是人体最常见的寄生虫之一，人感染后根据虫体的寄生部位和发育过程而表现不同的临床症状。成虫寄生于小肠时一般无明显症状，体质稍弱者或儿童常见脐周疼痛、食欲不振、腹泻、便秘、荨麻疹等症状，重者出现营养不良；当幼虫移行时损害人体肠壁、肝、肺则会引起发热、全身不适、肺炎、哮喘、荨麻疹等，严重的出现胸痛、呼吸困难、发绀；此外蛔虫有钻孔的习性，肠道寄生环境改变时可离开肠道进入其他带孔的脏器，并表现相应的疾病和症状。

本病的个人防护主要是要养成良好的饮食卫生习惯，蔬菜、瓜果要洗净后食用，餐前便后要洗手。

第七节 日本血吸虫病

日本血吸虫病是由日本血吸虫寄生于人或动物所引起的人兽共患寄生虫病。血吸虫是一类寄生于血管内的吸虫，可寄生于人体的血吸虫有日本血吸虫、曼氏血吸虫、埃及血吸虫、间插血吸虫、马来血吸虫和湄公血吸虫，因在我国流行的只有日本血吸虫，所以常将日本血吸虫简称为血吸虫。

一、流行病学

(一) 传染源

主要传染源为可以排出虫卵的患者和患病动物。血吸虫的成虫不具有感染性，造成传播的原因是含有虫卵的粪便污染了水源，虫卵进入水中在适宜条件下发育成毛蚴，当毛蚴遇到中间宿主钉螺后便侵入，在螺体内发育成尾蚴，随后自螺体逸出，在水中活动经皮肤侵入人或动物体内，并在人或动物体内发育成熟交配产卵。

（二）传播途径

主要通过皮肤、黏膜接触疫水感染。

（三）易感动物

哺乳动物普遍易感。人普遍易感。

（四）流行特征

本病一年四季均可发生，但高发于春季和夏季。在我国多分布于长江流域及长江以南地区，以渔民、务农人员感染较多，男性多于女性。

二、临床症状

犬、猫严重感染时常呈急性发作，表现精神不振、食欲减退、高热、腹泻、便中有黏液或血液，随病程进展可出现排便失禁、水样便，腹水，贫血，消瘦，因衰竭而死亡。若呈慢性经过则症状较缓。幼龄犬、猫发育迟缓，怀孕犬、猫则容易发生流产。

三、预防措施

做好宠物粪便无害化处理；在疫区和本病高发季避免宠物接触疫水；定期为宠物进行驱虫。

四、公共卫生安全

人的感染症状复杂且严重，在尾蚴入侵时，可引起皮肤炎症和周围局部组织水肿，出现红色丘疹，奇痒，几天后可自行消退。当尾蚴移行时，可造成局部小血管出血和炎症，表现咳嗽、胸痛、血痰等症状。随着病程发展，患者可出现发热、腹痛、腹泻，严重的可出现肝脾肿大、腹水，昏迷。感染后若未及时治疗、治疗不彻底或接触疫水重复感染的，则可逐渐发展成慢性血吸虫病，病程可持续10~20年，在流行地区最常见此类型，患者可无明显临床症状表现，仅有轻度肝脾肿大；有症状的则常见腹痛、腹泻、消瘦、乏力、便血。若反复严重感染则可造成免疫功能不良，出现晚期血吸虫病的症状，患者极度消瘦，出现营养不良性水肿、肝硬化、腹水、巨脾、腹壁静脉怒张等严重症状。

血吸虫的感染需要虫卵污染水源，水源中有唯一中间宿主钉螺存在，以及人和动物接触疫水三个环节。因此畜禽散养、粪便入水、钉螺分布密集都是本病的诱发因素，应从控制传染源、切断传播途径和保护易感人群三方面入手预防此病。积极宣传科普相关知识；积极治疗感染人群和感染动物；加强粪便的无害化处理，禁止粪便入水；消灭钉螺；在高发地带水域设置警示标志都是预防此病的必要手段。

在个人防护中应做到在本病高发季节和流行地区避免接触疫水，不在有钉螺的水域游泳、洗衣、戏水；养成良好的饮食习惯，不饮用生水；一旦发现类似症状且有接触史，应及时就医积极治疗。

第八节　华支睾吸虫病

华支睾吸虫病又称肝吸虫病，是由华支睾吸虫寄生在动物或人的肝脏胆管和胆囊内所引起的寄生虫病。可导致肝脏病变。

一、流行病学

（一）传染源

能排出虫卵的人和动物都可成为华支睾吸虫的传染源。华支睾吸虫的成虫主要寄生在人和哺乳动物的肝胆管内，发育成熟后产卵，虫卵随胆汁进入小肠，后经粪便排出体外，被第一中间宿主淡水螺食入，并在其体内发育成尾蚴后逸出，钻入第二中间宿主淡水鱼或虾的体内，发育成为囊蚴，被人或哺乳动物食入后在十二指肠孵出幼虫，最后移行至肝胆管内发育为成虫。

（二）传播途径

本病主要经消化道传播，动物和人主要是因为食用了含有囊蚴的鱼虾而感染此病，饮用生水也可造成感染。

（三）易感动物

华支睾吸虫的易感动物范围广泛，家养动物和野生动物均易感。人也易感，以儿童和青少年最易感。

（四）流行特征

本病在东亚和东南亚各国广泛分布，属于自然疫源性疾病，受社会因素和自然因素影响（饮食、生活习惯、地理、水源等因素），呈点状流行分布，且呈现一定的家族聚集性。在我国广东、广西及海南高发。

二、临床症状

动物大多呈隐性感染，临床症状不明显，严重感染的则表现消化不良，食欲减退、肝区疼痛、腹泻、消瘦、贫血、黄疸、腹水等症状。

三、预防措施

不喂食宠物未煮熟的虾蟹及肉类；在本病流行区域，避免宠物在外捕食或在野外水源饮食。

四、公共卫生安全

人多呈隐性或慢性感染，仅少数表现为急性发病。急性感染一般由一次性食入大量华支睾吸虫囊蚴所致，起病急，右侧上腹疼痛、腹泻、腹痛（呈持续性刺痛），餐后加重，食欲不振，可伴有黄疸。病情发展则出现高热、寒战，持续时间不定，肝脏肿大、触痛，少数可出现过敏反应。慢性感染一般起病隐匿，轻度感染一般无症状，或仅有轻微的胃肠道症状，如腹胀，食欲不振等，仅在检查粪便时检出虫卵；中度感染可表现食欲不振、消化不良、腹痛及慢性腹泻，肝脏肿大且伴有压痛；严重感染除以上症状外，还会反复腹泻或便秘，肝脾肿大、贫血，晚期则有可能出现肝硬化、腹水、胆管癌。儿童如果感染则有可能出现生长发育障碍。

在本病的防控中，应注意饮食卫生，改善饮食习惯，不食用未煮熟的鱼虾等；不饮用未烧开的水；生熟厨具须分开。在重点高发地区应加强水源、粪便的管理，防止虫卵入水，并对疫区居民进行普查。

第九节　姜片吸虫病

姜片吸虫病是由布氏姜片吸虫寄生于人或猪的小肠内所引起的人兽共患寄生虫病。以腹痛、慢性腹泻、消化功能紊乱为特征。

一、流行病学

（一）传染源

受感染的人和猪是本病的主要传染源。

姜片吸虫属片形科姜片属，是寄生于人体的最大的吸虫。其成虫寄生于人或猪的小肠上段，虫卵随宿主粪便排出，在水中孵化成毛蚴。在遇到中间宿主扁卷螺后便侵入螺体，在螺的体内发育成尾蚴。尾蚴从螺体内逸出后附着在水生植物表面形成囊蚴，被终末宿主（人和猪）食入在其体内发育成成虫。

（二）传播途径

本病主要通过消化道感染，姜片吸虫的尾蚴对附着物没有严格的选择性，绝大多数水生植物可以作为其附着媒介（藕、菱角、茭白、荸荠），人和易感动物一旦生食了被尾蚴附着的植物便可造成感染。

（三）易感动物

猪对本病普遍易感，兔、犬和猴也可自然感染。人易感，儿童和青少年发病率最高。

（四）流行特征

姜片吸虫主要流行于亚洲温带和亚热带地区。在我国大部分地区均有此病流行，大多呈点状流行分布，高发于9—11月。猪的姜片吸虫病比人姜片吸虫病流行范围更广。

二、临床症状

病猪精神不振、被毛杂乱、神情呆滞，呈弓背姿势，食欲减退、消化不良，腹泻，粪便稀薄有黏液，严重的消瘦、贫血，可导致死亡。

三、预防措施

不喂食动物水生植物，防止人和动物粪便污染水源。在流行地区进行预防性驱虫。

四、公共卫生安全

人轻度感染可无明显症状，或仅有食欲不振，上腹间歇性疼痛。中度感染多见上腹或右下腹痛（多发于空腹或刚进食后），也可见于脐周，食欲减退，恶心，呕吐，消化不良，大便稀薄、奇臭。严重感染则可造成营养不良和消化道功能紊乱、全身乏力、水肿、贫血、消瘦，甚至腹水，当姜片吸虫寄生量较多则会引发肠梗阻。儿童感染则可出现睡觉磨牙、抽搐，生长发育迟缓或智力障碍。

姜片吸虫病属于地方性传染病，呈地理分布，传染源、生态环境、动物管理饲养方式、人的生活习惯等因素都是造成其流行的因素。患者、患病动物的粪便入水可使得虫卵有发育机会，预防姜片吸虫病传播首先要在流行地区普及相关知识，加强粪便的无害化处理，防止新鲜粪便接触有扁卷螺生存的水源，池塘养鸭养鱼也可对螺类滋生起到一定控制作用；其次做好感染人群筛查，及时发现尽早治疗。在个人防护方面，应注意饮食卫生，改善饮食习惯，不饮用生水；不生食水生植物。

姜片吸虫从卵发育成尾蚴需要较高温度，囊蚴喜潮湿环境，对干燥高温的环境抵抗力较弱，阳光暴晒 1 天或煮沸 1 分钟都可使其失去活性。

第十节　蜱　病

蜱是寄生于脊椎动物体外的一类寄生虫，是某些人兽共患病的传播媒介，蜱虫叮咬也可造成继发感染，引起中毒和麻痹。

一、流行病学

（一）传染源

蜱虫是自然疫源性人兽共患寄生虫。带虫的家养和野生动物也可成为传染源。蜱虫属蛛形纲蜱螨亚纲，形似蜘蛛，分为背部有盾板的硬蜱和无盾板的软蜱两大类。其中硬蜱大多生活在森林、草丛、牧场、山地的泥土中，软蜱则多在家畜圈舍、野生动物洞穴、鸟巢及墙缝中栖息。目前已知的蜱虫有800余种，我国已发现100余种。

（二）传播途径

接触传播是最主要的传播途径。城市动物多因在草丛密集的地区活动频繁或密切接触流浪动物而感染，人则大多是因为与受蜱感染的动物有密切接触，或在野地、农垦地区活动被蜱主动侵袭而感染。

（三）易感动物

人、哺乳动物、禽类、爬行动物和两栖动物均是蜱虫的自然宿主，但蜱虫更喜欢寄生于皮毛丛密的动物，尤其是牛，城市动物则以犬、猫为主。多寄生在动物皮肤较薄，不易抓挠的部位，例如腹股沟、颈部、腋下，其不吸血时，小到芝麻或米粒大小，吸饱血则可膨胀到指甲盖大，叮咬时还会造成叮咬处炎症。

（四）流行特征

大部分种类的蜱虫活动高峰季节在春夏两季，所以蜱虫感染有明显的季节性，其感染多与人和动物等生活、活动环境因素有关。

二、临床症状

蜱寄生在犬、猫等动物身上时，多数情况可被肉眼发现，犬、猫表现烦躁不安，摩擦，抓咬皮肤，梳理被毛时可见虫体。如蜱大量寄生，则可引起动物贫血，消瘦，精神不振，食欲减退。也有一些种类的蜱虫在叮咬动物时会分泌毒素，可引起"蜱瘫痪"，犬表现为轻度震颤、步态不稳、肌无力，逐渐发展出现流涎、瞳孔散大、四肢麻痹和呼吸困难；猫则在初期出现干呕和咳嗽、瞳孔散大、全身无力、厌食、步态不稳似醉酒样，最终死亡。

三、预防措施

保持饲养环境卫生，避免宠物去蜱虫易滋生的环境活动，减少与流浪动物的接触，定期驱虫。在宠物外出后应及时检查其皮肤，在蜱数量少时，及时清除。

四、公共卫生安全

蜱叮咬人后可引起过敏、溃疡或发炎等症状，虽然叮咬造成的症状轻微，但蜱可通过叮咬传播多种病原体，如莱姆病、森林脑炎、Q 热等，严重的可危及人类和动物生命。蜱是仅次于蚊子的第二大传染病生物媒介。

预防蜱虫叮咬，应避免在草地、森林等蜱虫主要栖息地长时间活动。如需进入此类区域，应提前做好驱虫措施，涂抹防虫剂，穿长衣长裤并扎紧裤腿，不穿凉鞋，尽量不裸露皮肤；一旦发现有蜱叮咬皮肤，应及时清除，用尖头镊子尽可能靠近皮肤表面夹住蜱虫，垂直于皮肤方向把蜱虫慢慢拉出，避免把蜱虫捏碎或扭断头部。取出蜱虫后，切勿用手压碎蜱虫，以免沾染蜱虫携带的病原体，处理完毕后用肥皂水彻底清洁叮咬部位和双手。如无把握清除时，应及时就诊。有蜱虫叮咬史或野外活动史者，一旦出现发热等症状，应当及早就医，并告知医生相关暴露史。

第十一节　疥螨病

疥螨病也称疥疮，是由疥螨引起的人兽共患寄生虫病。疥螨属真螨目，疥螨科，疥螨属，几乎所有哺乳动物都可被寄生，主要寄生于人或动物的皮肤内。本病以剧烈瘙痒，脱毛和湿疹性皮炎为特征。

一、流行病学

(一) 传染源

患病的动物和人是本病主要的传染源。疥螨寄生于皮肤表皮角质层间，啃食角质组织，雌虫和雄虫一般在皮肤表面交配，并在皮下开凿隧道产卵和孵化幼虫，虫体在夜间活动更为频繁，挖掘隧道时可产生机械性刺激，虫体在隧道中生产的排泄物和分泌物还可能引起过敏反应。

(二) 传播途径

疥螨的流行十分广泛，主要通过接触传染，既可由染病动物与健康的动物直接接触传播，也可通过被污染的窝舍、衣物、毛巾、玩具等物品间接接触感染。

(三) 易感动物

人群和哺乳动物普遍易感，根据疥螨宿主的不同可划分为人疥螨、犬疥螨、猫疥螨、兔疥螨等，人可以感染动物的疥螨，动物也可以感染人的疥螨，动物之间也可交叉感染。

(四) 流行特征

疥螨对外界环境有一定抵抗力，在低温高湿的环境中寿命较长，而高温低湿则对其生存不利，故疥螨高发于秋冬和初春，特别是环境潮湿、光照不良的室内。幼龄和体质较弱的动物易感。

二、临床症状

初期寄生部位出现小结节，多发生于头面部、耳廓、四肢末端，后蔓延至全身，剧烈瘙痒，动物烦躁不安。严重感染则动物消瘦，且可因继发感染死亡。疥螨还易与痒螨、耳螨、真菌、细菌等混合感染。

三、预防措施

注意宠物饲养环境的卫生，保持环境的清洁干燥，尤其是宠物窝舍及经常活动的地方，应定期清理和消毒。如发现感染应及时隔离宠物，防止相互传染。对于新引入的宠物应隔离观察，无螨者方可饲养。

四、公共卫生安全

人类在感染初期，局部皮肤出现针尖大小的淡红色丘疹、水泡，多出现在指缝、手腕内侧、肘窝、腋窝、大腿内侧等皮肤薄嫩的地方，剧烈瘙痒，夜晚虫体活动时瘙痒加剧，影响睡眠，可引起过敏和继发感染，婴幼儿更易感染，且感染更为严重。

预防此病应注意个人卫生，勤洗澡、勤换衣、勤晒被；不与他人共用毛巾、被褥；避免接触患者和患病动物，造成交叉感染；疥螨患者的毛巾、衣物、床上用品等应进行煮沸消毒；保持生活环境清洁卫生。

第六章 真菌性宠物人兽共患传染病

第一节 皮肤癣菌病

皮肤癣菌病是由浅部真菌感染引起的一类疾病，感染涉及皮肤角质层和皮肤附属器，病菌能广泛破坏这些组织的结构，是一种人兽共患皮肤传染病。如猫癣，是由寄生于猫被毛与表皮、趾爪角质蛋白组织的皮肤真菌引起的。临床上以皮肤形成圆形或不规则圆形的脱毛为主要特征。皮肤癣菌病具有长期性、广泛性、传染性的特征。

一、流行病学

（一）传染源

引起皮肤癣菌病的病原菌是皮肤癣菌，又称皮霉，是一类只侵害人和动物体表角化组织（皮肤、毛、发、指甲、趾甲、爪、蹄等），而不侵害皮下等深部组织或内脏的浅部病原性真菌。皮肤癣菌包括毛癣菌属、小孢子菌属和表皮癣菌属。宠物犬、猫是城市居室内的主要传染源。据统计，大约45%的猫遭受过犬小孢子菌侵害，被侵害的猫身上带菌，成为传染源，但其中90%的猫不呈现临床症状。

（二）易感动物

多种动物均有易感性，其中犬、猫、兔、牛、驴更易感，幼小、体弱及营养不良的动物易感染，这与动物防御机能是否健全有着密切的关系。人类易感性也很高。

（三）传播途径

皮肤癣菌可以在人和动物之间以及不同动物之间相互传染。传播途径主要有直接接触患病动物及其毛发或接触被其污染的用具、食具和铺垫物品。患病犬、猫能传染给接触的人和其他动物，患病人和其他动物也能传染给犬、猫。要注意有些动物不呈现临床症状，容易被人忽视，但仍具有传染性。

（四）流行特点

本病的流行和发病率受季节、气候、年龄、性成熟和营养状况等影响较大，皮肤和被毛不洁，温、湿环境有利于本病的发生和传播，炎热潮湿气候发病率比寒冷干燥季节高。但犬小孢子菌能使猫全年感染发病。人皮肤癣菌病的发生与生活习惯密切相关，多发于与动物接触机会多的人群，特别是与伴侣动物、玩赏动物直接接触通过皮肤损伤而感染。

二、临床症状

各种皮肤癣菌引起感染的共同症状是毛发脱落、皮屑、皮肤肥厚和结痂，在临床上多呈水疱鳞屑型表现，损害多限于一侧。对人而言，根据感染部位的不同，分为头癣、体癣、股癣、手足癣、甲癣。对动物而言，根据病部特点，有钱癣、脱毛癣等。犬、猫常发部位是面部、四肢、耳朵和趾爪等；轻者被毛折断，重者出现鳞屑和痂皮，如被细菌感染，则形成"脓癣"。皮肤病变除呈圆形外，还有椭圆形、弥漫状。如毛囊被破坏，无新毛长出。

本病病程长短不等，急性感染为 2~4 周，若转为慢性，可持续数月至数年。

三、预防措施

皮肤癣菌易在潮湿温暖的环境中繁殖，故要注意皮肤清洁卫生。注意清整宠物皮毛，保持清洁，预防擦伤，不和患病动物接触。对患病犬、猫积极治疗，同时应隔离，对环境可用氯制剂等消毒剂消毒。对医疗器械要彻底消毒，将患病犬、猫被毛清理干净，以防污染环境。多喂营养丰富、维生素及矿物质含量较多的食物。增强犬、猫对本病的抵抗力。应用伍德氏灯对犬、猫进行健康检查，检出阳性者，隔离治疗。

四、公共卫生安全

真菌广泛存在于自然界中，生活能力极强，对日光、紫外线及一般消毒剂有较强的抵抗力，对动物和人类的感染防不胜防。本病可以通过公共物品，如拖鞋、浴盆、脚盆、毛巾、理发工具等广为传播，公共场所严格管理和消毒，有利于控制皮肤癣菌病的发生和发展。

由于个人体质、生活习惯的差异，不同人群的真菌感染率存在差异。人皮肤癣菌病根据发病部位分为头癣、体癣、股癣、足癣、手癣、甲癣。个人预防要做好以下防护。

①在清除宠物的排泄物或者清洁宠物的用品、用具时，佩戴手套和口罩，有效减少宠物毛发、皮屑等细小物接触人体的机会。

②养宠家庭对宠物经常接触的生活环境、生活用品进行消毒。真菌不耐热，60℃ 1 小时即被杀死，对 1%～3%石炭酸、2.5%碘酒、0.1%升汞及 10%甲醛比较敏感。使用消毒剂时注意其腐蚀性和刺激性，以及宠物对消毒剂的敏感性，避免对宠物造成伤害。

③多注意宠物的卫生，定期给宠物洗澡。在给宠物洗澡时，宠物的皮肤因为毛发被水打湿后会很明显地裸露出来，能够及时发现宠物是否有皮肤癣菌病，便于及时治疗。

④宠物主人发现宠物有皮肤癣菌病，应及时隔离，并且对用具应用洗必泰（氯己定）、次氯酸钠等溶液进行消毒杀菌。人接触患病动物后应及时洗手，注意个人卫生。

⑤兽医为患病动物检查或治疗时，应戴好防护手套，并注意提高自身免疫力。

⑥患有皮肤真菌病的人或是患病动物，应及时治疗，同时

避免滥用激素类药物软膏，造成皮肤萎缩、毛细血管扩张、多毛等，从而抑制了免疫作用，反而促进了真菌繁殖，加重病情。

⑦糖尿病患者、长期使用激素或患有慢性病的人、长期照射 X 射线的人，机体抵抗力降低，也会给真菌感染创造机会，因此要加强皮肤防护。

第二节　隐球菌病

隐球菌病是由新型隐球菌及其变种引起的一种条件致病性真菌病。对人类主要侵犯肺脏和中枢神经系统，也可以侵犯骨骼、皮肤、黏膜和其他脏器，呈急性、亚急性和慢性经过。对动物主要侵害犬、猫的皮肤、肺部、消化系统和中枢神经系统，引起慢性肉芽肿性病变，少数动物表现亚临床感染，有时是致命的。世界各地均有发生。

一、流行病学

（一）传染源

引起隐球菌病的病原菌是隐球菌属的新型隐球菌和格特隐球菌，在环境和组织中以酵母形式存在，是广泛存在于自然界腐败物中的寄生菌，可从水果、蔬菜、土壤、桉树花和各种鸟类排泄物中分离出，其中从鸽粪中分离出的新型隐球菌被认为是人类感染的最主要来源，中性、干燥鸽粪利于本菌的生长，其他禽类如鸡、鹦鹉、云雀等的排泄物也能分离出隐球菌。可通过吸入鸽类、鸟类粪便污染的尘埃而感染。桉树是新型隐球菌格特变种的主要来源，澳大利亚的树袋熊为其携带者。

（二）易感动物

猫、犬、牛、羊、马、猪、猴、兔、鼠和禽类都易感染本病。猫发病率比犬高，公猫的发病率比母猫高。在长期使用抗生素或肾上腺皮质激素的情况下，更易发生此病。鸽子可带菌但不发病。人类易感性也很高。

（三）传播途径

由呼吸道吸入为隐球菌主要的传播途径，引发肺部感染，进而累及其他部位。其他途径为消化道或皮肤直接侵入。人群对隐球菌普遍易感，但有一定的自然免疫能力，很多健康人群可能感染但不导致疾病的发生。

（四）流行特点

隐球菌病多呈散发流行，一年四季均有发病，春秋季节多见，各种年龄的动物均有发生。纯种犬发病率较高。人感染此病可发生在任何年龄，以青壮年较多见，男性多于女性，患者多为从事动物饲养或常接触动物的人。机体抵抗力低下、长期使用肾上腺皮质激素或患有其他疾病（如糖尿病、艾滋病等）造成机体抵抗力降低，均易引起继发感染。

二、临床症状

由于隐球菌侵入的途径、感染的部位和动物的种类不同，所表现的症状也不相同。

猫患病较常见，造成上呼吸道及肺的感染，在鼻中隔会有肿大及局部淋巴结病变，表现为溃疡、脓肿、咳嗽和鼻塞性吸气性呼吸困难等症状。也可造成中枢神经系统、骨、皮下及眼睛的损害。最常见的为肉芽肿性脉络膜视网膜炎。主要表现为眼球震颤、共济失调、癫痫发作和转圈。患猫打喷嚏、喷鼻，一侧鼻孔或两侧鼻孔有黏液性或出血性鼻漏。

犬主要表现为下呼吸道感染，特征为咳嗽或呼吸困难。肺隐球菌常并发于中枢神经系统隐球菌病。皮肤病变很少单独发生，常为全身性隐球菌病的局部表现。见于颈部、背部、臀部，出现皮肤丘疹、结节、肉芽肿和脓肿，脓肿渗出带有血丝的黏稠脓液，恶臭。偶发慢性眼炎，羞明、流泪，间或眼前房出血至失明。病程几周至2~3个月。患犬的皮肤呈溃疡性变化。眼部症状包括肉芽肿性视网膜炎、视神经炎、失明等。全身症状表现为体重下降、嗜睡，发热不常见。

牛、羊多为隐性球菌性乳房炎，除一般症状外，泌乳量急剧下降或停止。乳汁呈絮状。停乳后，从乳头排出污秽的灰黄色黏液性分泌物。

马见于鼻咽、上颌骨附近及前额窦等处，可见肉芽肿样囊性增生，囊肿含有黏液物质。侵害肺脏时，表现为呼吸困难。侵害中枢神经系统时，可见运动失调和失明。

三、预防措施

预防本菌感染，要注意环境卫生和保健，加强对鸽粪的管理，避免接触到被污染的土壤，防止鸽粪污染空气，忌食腐烂变质的梨、桃等水果或未经消毒的牛奶。防止吸入含隐球菌的尘埃，尤其是带有鸽粪的尘埃。对隐球菌病，应着重早期诊断，及早治疗。病畜和可疑病畜必须隔离，动物圈舍应仔细清扫和消毒，对患隐球菌病奶牛的乳汁必须进行高热消毒。治疗动物疾病时，应尽量避免长期或大量使用类固醇皮质激素和免疫抑制剂，减少诱发因素。

四、公共卫生安全

新型隐球菌广泛分布于自然界中，宠物主人要注意环境卫生及保健，防止滥用抗生素及皮质类激素；及时发现、确诊和隔离治疗发病动物，及时清理患病动物的排泄物和分泌物。

人根据感染部位不同可分为肺隐球菌病、中枢神经性隐球菌病、皮肤和黏膜隐球菌病、骨和关节隐球菌病、其他隐球菌病。患慢性消耗性疾病、结缔组织病、器官移植和恶性肿瘤等疾病的宠物主人更应隔离患病动物，以免合并感染隐球菌。患有慢性脑膜炎或脑脓肿的病人，虽给予足量抗生素治疗，病情仍继续恶化者，应考虑到真菌感染。糖尿病或网状细胞增多症患儿并发脑膜炎时，也应考虑到真菌性感染。因这些消耗性疾病长期应用激素、抗生素和免疫抑制剂，使患者抵抗力降低，致病真菌易于侵入，应高度警惕。

第三节　芽生菌病

芽生菌病又称北美芽生菌病，是由皮炎芽生菌引起的一种深部真菌性疾病，也称芽生真菌病。是以侵害肺、皮肤和骨骼为主的慢性化脓性肉芽肿性病变。芽生菌病具有潜伏期，且临床症状多样，主要包括肺炎、脑膜炎、血液感染等，严重时可能危及生命。潜伏期的长短取决于动物的抵抗力，短的数日或数月，长的数年才出现症状，多数呈慢性经过。

一、流行病学

（一）传染源

芽生菌可以在环境中长期存活，污染的土壤、空气和环境等是主要的传染源。皮炎芽生菌具有双向性，在土壤内或在沙氏葡萄糖培养基上培养时，长成白色至黄褐色菌丝，并有圆形或椭圆形分生孢子；在动物病灶和渗出物中形成类酵母菌，壁厚，具有双层轮廓的芽细胞。本菌繁殖方式为无性繁殖，即成熟的酵母细胞先长出小芽，芽细胞成熟后脱离母细胞，再出芽形成新的个体，如此循环往复。

（二）传播途径

经直接或间接地吸入、食入孢子而感染。易感动物的口腔、皮肤和肠道中也可能携带这种病菌，它们可以通过人与动物的直接接触、动物的唾液、粪便等方式传染给人类。

（三）易感动物

主要感染犬、猫、马、狮子等。犬最常见，公犬比母犬发病率高，纯种犬比杂种犬发病率高。免疫低下患者易发病，如结核病人、艾滋病患者、癌症病人等。

（四）流行特点

芽生菌病为世界性分布疾病，尤其在湿润的气候条件下发生更加普遍。

二、临床症状

芽生菌孢子在动物体内生长发育为酵母样菌，从而引发疾病。临床症状因感染器官的不同而有所差异，且无特异性症状。患病动物体重下降，并伴有咳嗽、厌食、淋巴结肿大、呼吸困难，出现眼病、跛行、皮肤损伤和发热。犬发生芽生菌病时，常见有因肺部损伤而引起的干性、粗糙的呼吸音。大部分病犬会有明显的肺部症状。有些病犬可能会出现淋巴结病变。

芽生菌病是全身的真菌感染，最开始入侵的靶器官组织多数是肺，然后传播到皮肤、皮下组织、眼睛、胃、骨骼、淋巴结、睾丸和脑等。这些器官受侵害后出现相应的临床症状，根据临床表现可分为肺芽生菌病、皮肤芽生菌病、芽生菌性骨髓炎、泌尿生殖道芽生菌病、中枢神经系统感染。

1. 肺芽生菌病

真菌孢子由呼吸道吸入肺泡后被巨噬细胞吞噬，中性粒细胞侵润，引起炎症反应，形成脓肿及肉芽肿性损害。肺芽生菌病的主要症状包括干咳、胸痛、低热和呼吸障碍。急性感染的患者表现为突然发热、寒战、胸痛、关节痛、肌肉酸痛等。

2. 皮肤芽生菌病

皮肤芽生菌病为最常见的芽生菌肺外感染，皮损主要有两种类型：疣状和溃疡。疣状皮损最为常见，起初表现为丘疹或脓疱，逐渐扩大形成暗红色疣状斑片或皮下结节，界限清楚，其中有紫色结痂，可转为溃疡，病灶伴有渗出物。溃疡表现为边界清楚、边缘高起，易出血，可行成窦道。溃疡纤维化后形成瘢痕，溃疡中央活检常查不到菌而在活动边缘才可查到。犬的皮肤病变一般非常细小，且呈多发性病灶，有时也可见大块囊肿。部分发病犬可出现眼芽生菌病的症状，包括眼睑肿胀、流泪、有分泌物流出，角膜浑浊，严重的导致失明。

3. 芽生菌性骨髓炎

芽生菌性骨髓炎占所有芽生菌感染的1/4，所有骨骼均可累及，以骨溶解和单关节炎为表现，发生于脊椎、肋骨、骨盆、头骨和长骨等。活检可见肉芽肿形成、化脓性病变以及坏死等。少部分发病犬可出现由真菌性骨髓炎引起的跛行或严重的甲沟炎。

4. 泌尿生殖道芽生菌病

10%~30%的芽生菌病患者可累及泌尿生殖道，主要侵犯前列腺和附睾。发生泌尿生殖系统芽生菌病后会有前列腺肿胀疼痛、排尿不畅、脓尿、血尿、遗尿等，并伴有里急后重。

5. 中枢神经系统感染

中枢神经系统感染的发病率低，通常表现为脓肿和脑膜炎。只有不到 5% 的发病犬会出现神经症状，但猫较为常见。

三、预防措施

日常卫生：保持宠物身体的清洁和干燥是预防宠物芽生菌病的重点。定期清理、更换宠物的床垫、生活用品等，保持宠物生活环境的清洁卫生。

饮食保健：合理的饮食营养和免疫增强剂都有助于宠物提高免疫力，从而有效地预防宠物芽生菌病的发生。

定期检查：建议宠物主人定期带宠物去医院检查，及时发现宠物的健康问题并进行治疗。

环境治理：宠物住所环境卫生需要及时处理，如及时清理宠物排泄物，或者在宠物室内放置空气净化器，提高室内空气质量，从而预防宠物芽生菌病。

四、公共卫生安全

为了预防芽生菌的传染，应加强平时的饲养管理和卫生防疫工作，饲养环境场地要经常消毒，特别是泥土地。在与动物接触时，做好个人防护，并尽量减少与动物唾液或粪便的接触。适当使用消毒剂，如漂白水或含有酒精的清洁剂，清洁宠物的生活场所、便盆和日常用具。在室内喂养宠物时，要定时清理宠物粪便，保持清洁卫生。在接触动物后，要进行自身消毒处理，保持双手的清洁卫生，养成饭前洗手的习惯。对于病死动物的尸体不得私自土埋，应经无害化处理，以防止其在土壤中再度繁殖。

　　总之，建立健全的公共卫生安全体系，是有效应对芽生菌病的一项必要举措。只有加强全民健康素质的提升、加强芽生菌病疫情的监测预警、强化食品安全法律法规的制定以及加强国际协作，才能有效减少芽生菌病对公共卫生安全造成的威胁。

第七章 其他宠物人兽共患传染病

第一节 衣原体病

衣原体病是由衣原体引起的各种动物和人类共患的传染病。衣原体是一类介于立克次体与病毒之间的严格在真核细胞内寄生的原核型微生物，呈圆形或椭圆形，有细胞壁，含有 DNA 和 RNA 两种核酸。衣原体归于衣原体目（Chlamydiale）衣原体科（Chlamydiaceae）衣原体属（*Chlamydia*）。属下现有 4 个种：沙眼衣原体、肺炎衣原体、家畜衣原体和鹦鹉热衣原体。其中，鹦鹉热衣原体和家畜衣原体是动物衣原体病的主要致病菌，人也有易感性。本病呈全球性流行，成为兽医和公共卫生的重要问题。

一、流行病学

（一）传染源

患病动物及所有带菌动物都是本病的传染源，并且互为传染源。

（二）易感动物

衣原体是自然疫源性传染病，可在多种禽类之间传播和感染。目前已发现可感染 18 个目、29 个科的 190 余种鸟类，鹦鹉、鸽、鸭、火鸡较易感，鸡的感染不常见；也可感染哺乳动物，如牛、羊、猪、马属动物，犬、猫、猴、兔、小鼠、豚鼠等。养殖场兽医、饲养员、实验室工作人员、屠宰场工作人员等由于职业接触易感。

（三）传播途径

患病动物的分泌物、排泄物污染饲料和饮水，可经消化道传播；被污染的尘埃、飞沫，经呼吸道或眼结膜感染；健康动物与病畜交配或使用了带菌动物的精液进行人工授精可发生感染；子宫内感染也有可能；羽螨、鸡虱、蜱和蚤可以起到传播媒介作用。

（四）流行特点

衣原体感染性强，许多抗生素（青霉素、四环素、红霉素等）也能抑制衣原体繁殖，但如果治疗不彻底，可能导致病畜（人）成为带菌者，这是衣原体感染突出的生物学特点，即宿主和衣原体组成一个平衡状态，导致宿主长期持续的感染。

本病发生的季节性不明显，它的发生与外界环境中的多种不良因素有关。

二、临床症状

禽：鹦鹉热衣原体感染鸟类时经常是系统性感染，依据病原毒力和禽品种不同，临床症状差异显著。大部分禽类感染后呈隐性经过，尤其是鸡、鹅等，但火鸡和幼龄的鹦鹉、鸽、鸭等感染后呈显性感染。大多数器官会被感染，包括结膜、呼吸系统和胃肠道。也可经卵传播。在外部作用下可引发严重综合征，导致衰竭死亡。

鹦鹉感染本病后称为鹦鹉热。成年鹦鹉不易感或呈隐性感染，幼鸟急性感染发病，表现为精神不振，羽毛凌乱，拒食，腹泻，粪便淡黄绿色，鼻流黏液性脓性分泌物，闭眼并伴有分泌物，濒死期极度脱水和消瘦。鸽急性病例表现为厌食，消瘦，腹泻，有些病例出现眼睑肿胀、结膜炎和鼻炎，呼吸困难并伴有啰音，随着病情发展，体质变弱，康复者成为带菌者。本病对雏鸭通常是一种致命性传染病。表现为食欲不振，肌肉震颤，运动失调，衰竭，排绿色水样便，眼鼻分泌浆液性脓性分泌物，最后惊厥而死。本病幼龄鹦鹉和雏鸽的病死率可达 75%～90%，火鸡为 10%～30%。

猫：又称为猫肺炎，很少见猫的肺炎，本病由鹦鹉热衣原体引起，临床上以眼部结膜炎常见，1 岁以内猫尤其是 2～6 月龄猫最易感。健康猫通过与感染猫接触传染。

本病潜伏期 3～14 天。临床表现为眼部的结膜水肿和结膜炎，流鼻涕、打喷嚏。病程初期患猫单侧或双侧眼结膜充血、水肿和睑痉挛，眼部有浆液性分泌物，结膜起初暗粉色，表面闪光。如同时感染其他病原菌，浆性分泌物可转变为黏液性或脓性分泌物。病情在发病后期（9~13 天）时往往最严重，2~3周后缓解。

本病少见上呼吸道症状，如出现，注意与疱疹病 I 型阳性猫区别诊断。

三、预防措施

衣原体病属三类动物疫病，鹦鹉热衣原体为《人畜共患病名录》病种和《全国畜间人兽共患病防治规划（2022—2030年）》常规防治病种。本病应采取综合性的防治措施，发病后应及时治疗。

因为本病的自然宿主很广泛，密闭的饲养环境对防治本病有明显效果。严防鼠、鸟等生物媒介的侵入，避免与带菌的自然宿主接触。

科学饲养，给动物提供充足、均衡的营养，适宜的环境，做好防暑、防寒工作，避免应激因素的发生。严格消毒，保持饲养环境卫生。

四、公共卫生安全

衣原体病属于动物疫源性传染病，各种动物及人类均易感，该病不仅给畜禽养殖业发展带来危害，也引起较为严重的公共卫生问题。近年来，人感染衣原体导致鹦鹉热发生的病例数量逐渐增多。

肺炎衣原体、鹦鹉热衣原体和沙眼衣原体均可导致人的发病，称为鹦鹉热或鸟疫，临床以发热、干咳、间质性肺炎、沙眼、非淋球菌性尿道炎和支气管炎为特征。

本病主要通过飞沫传播，职业人员如畜禽场饲养员、屠宰场工作人员、实验室人员或非职业人员等与禽鸟有接触的人员较其他普通人更易发生此病。

鹦鹉热的防治采取综合防控措施。职业人员在工作中应注意自身防护，工作场地也要加强卫生管理，定期消毒。非职业人员尽量避免与野禽（鸟）接触，家庭饲养观赏鸟类的应从正规场所购买，饲养在居室内的，注意开窗通风，避免密闭空间，笼具、餐具及饲养空间保持卫生，并定期消毒，清洁时带好口罩、手套甚至护目镜，做好个人防护。

动物出现异常时，应及时检测或就医，排除衣原体感染。确诊衣原体感染的，应及时隔离进行治疗，避免感染人类。本病的预后与治疗时机相关，早期治疗预后良好。

第二节　Q 热

Q 热是由贝氏柯克斯体引起的一种人兽共患的自然疫源性疾病。多种动物和禽类均可受其侵害，牛、绵羊、山羊最易感，少数出现发热、精神和食欲不振等，大部分呈隐性经过。人感染后临床上以发热、乏力、头疼和间质性肺炎为特征。

引起 Q 热的病原习惯上称为 Q 热立克次体，又称为贝氏柯克斯体，在分类上属于立克次体科、立克次体属。它对外界环境的抵抗力很强，对常用消毒剂不敏感，但对脂溶剂敏感。70%乙醇1分钟即可将其杀死，紫外线照射可完全灭活。

一、流行病学

（一）传染源

患病动物是本病的主要传染源，病原体可随其胎盘、羊水和乳汁排出。蜱是本病的自然宿主和传播媒介。

（二）易感动物

黄牛、水牛、牦牛、绵羊、山羊、马、骡、驴、骆驼、犬和猪等动物，鸡、鸭、鹅等禽类，以及野生哺乳动物和鸟类对该病均有易感性。

人类普遍易感。养殖业从业人员、奶厂工人、屠宰场和制革厂的工作人员以及收购、搬运皮毛的人员，还有某些实验室的工作人员都属于高危人群。大部分人多在屠宰旺季和牛、羊分娩季节发病。

（三）传播途径

本病可经多种途径传播。蜱是主要的传播媒介，贝氏柯克斯体通过蜱的叮咬在野生动物和家养动物之间传播；也可通过传染性气雾和污染的尘土经呼吸道传播；或是食入被污染的饲料、水、病畜乳汁等经消化道传播；或因接触患病动物排泄物及其污染物、胎盘、羊水而感染。

（四）流行特点

Q热呈全球性分布，几乎存在于所有牛、绵羊及山羊饲养地区，以热带和亚热带地区多发。我国有近20个省、区、市存在Q热。本病一年四季均可发生，在农村、牧区多见于春季产羔、产犊时期。一般多呈散发，有时可在孕山羊群中暴发流行。

二、临床症状

动物感染本病后多呈亚临床经过。感染Q热的绝大多数犬、猫缺乏可见的临床症状。极少数病例可呈现体温升高、精神萎顿、食欲不振，表现为鼻炎、结膜炎、支气管肺炎，或出现流产、胎衣不下。病犬、猫可突然发病，无并发症出现，常常数年连续复发。

三、预防措施

本病应采取综合性的防控措施。主要的工作是消灭和控制传染源，要根据本地区的流行特点及动物宿主，有针对性地工作。首先要防蜱、灭鼠，孕期动物与其他动物分开饲养，分娩后隔离3周以上，分娩后的排泄物、胎盘或流产死胎等应进行无害化处理。饲养动物前要做好检疫，同时隔离30天，出现问题及时处理。另外，在Q热多发地可应用疫苗进行预防接种。

对疑似或隐性感染的动物（接触过病畜或污染物的），在未发病时应用广谱抗生素预防，可避免或推迟发病。在Q热流行区，广泛的、多种形式的卫生知识宣传，会对本病的防控起到积极的作用。

四、公共卫生与安全

养殖业人员、屠宰场、皮革厂、地毯厂及实验室工作人员等职业人员是 Q 热的高发人群。饲养犬、猫的人也较其他人员易感。

人感染 Q 热，临床上一般无明显症状或症状轻微，且病后免疫力持久。本病潜伏期为 12~39 天，平均为 18 天，若大量感染 Q 热病原，则潜伏期缩短为 1 周左右，通常发病急，少数较缓。临床上分为急性和慢性 Q 热。

1. 急性 Q 热

临床表现以下症状。

①发热。体温在 2~4 天内升高到 39~40℃，呈弛张热型，持续 1~3 周消退，同时伴有畏寒、盗汗等。近年来不少患者也呈现回归热型。

②头痛和肌肉痛。剧烈的头痛是本病的突出特征。患者常出现剧烈并持久的头痛，多见于前额、眼眶后和枕部，同时伴有肌肉（腰肌、腓肠肌）和关节的疼痛。

③肺炎。患者早期出现干咳和胸痛，肺部出现类似于支气管肺炎的病状，少数并发胸膜炎、胸腔积液。

④肝炎。患者普遍出现肝炎症状，恶心、呕吐、右上腹疼痛。

⑤其他症状。少数急性患者常会有心内膜炎、脑膜炎、间质肾炎，出现疲乏、贫血、食欲下降、心脏杂音、呼吸困难等。

2. 慢性 Q 热

急性 Q 热病程持续数月超过半年以上的转为慢性 Q 热，往往多系统发病。病人持续或反复发热，出现心内膜炎，肝、脾肿大，因慢性肝炎导致肝功能异常、肝硬化等。Q 热患者有时也出现心肌炎、心肺梗死、骨髓炎、脑膜炎、胸膜炎、末梢神经炎、关节炎、间质肾炎和睾丸炎等。这些表现既可单独存在，又可复合出现，以肝炎和心内膜炎最具有临床重要性。

3. 儿童 Q 热

儿童感染 Q 热与成人病症相类似，表现为高热无力和恶心、呕吐、腹泻等消化道症状；出现皮疹，有部分儿童在膝、肘、足背部出现红斑，面部和腿部出现紫癜性皮疹；头痛的发生率为 60%~90%，神经系统并发症也常见。

Q 热病原体在环境中的稳定性强，可存在于气溶胶中，传染性极强。因此，风险人群要注意个人防护，工作时戴口罩、手套，使用时间长、遇破损及时更换。兽医、实验室等人员在诊断、取样、检测时除戴手套、口罩等，工作完毕后将防护设备放到指定位置。

非职业人员感染多源于家庭饲养的犬、猫。因此，平时应注意科学饲养。定期给犬、猫驱（蜱）虫，平房区注意灭鼠，不饲喂生食和其他不洁食物，不带犬、猫进入 Q 热病原体流行地区，避免与野生、流浪动物接触。

不论是否为高危人群，都应形成良好的生活习惯。特别是在 Q 热流行地区，牛奶、饮水不生食，煮沸后才能饮用。生活在 Q 热流行地区或从事相关职业的人群，身体出现症状应及时就医。

第三节　莱姆病

　　莱姆病是由伯氏疏螺旋体引起的一种蜱媒人兽共患病。该病以蜱为媒介传播，也称为蜱性螺旋体病，临床上以叮咬性皮损、发热、关节炎、脑炎和心肌炎为特征。人患此病后可引起游走性红斑，故又称为蜱性红斑、移行性红斑或环形红斑。

　　莱姆病因 1974 年最先发生于美国康涅狄格州莱姆镇（Lyme）因而命名。目前，世界很多国家和地区都发现人和动物患本病，我国已有十多个省和自治区证实有莱姆病存在。该病对人类健康和畜牧业发展造成威胁和影响，在国际上受到普遍重视。

　　伯氏疏螺旋体是 1982 年最先从达敏硬蜱中分离到的，属于螺旋体属，革兰氏染色阴性，姬姆萨染色呈紫红色。伯氏疏螺旋体对各种理化因素的抵抗力不强，在室温条件下可存活 1 个月，4℃条件下能存活较长时间，-80℃左右长期保存。对光和热敏感。

一、流行病学

（一）传染源

　　莱姆病是一种自然疫源性疾病，能携带伯氏疏螺旋体的动物较多，包括蜥蜴、鼠、兔、鹿、麝、狼及鸟类等野生动物和犬、马、牛等家畜。另外，我国从多种啮齿类动物如黑线姬鼠、棕背鼠、花鼠、白腹巨鼠、华南兔等体内都分离到了伯氏疏螺旋体。

（二）易感动物

人和多种动物（牛、马、狗、猫、羊、鹿、浣熊、兔和鼠类）对本病均易感。本病储存宿主多样，已经查明 30 多种野生哺乳动物（鼠、鹿、兔、狐、狼等）、49 种鸟类以及多种家畜（狗、牛、马等）可作为本病的宿主动物。

（三）传播途径

本病病原体主要通过蜱类作为传播媒介，通过硬蜱属中的某种蜱叮咬而传染给动物和人类。已知硬蜱类、血蜱属、花蜱属、扇头蜱属中的一些蜱可以携带伯氏疏螺旋体。在美国莱姆病的主要传播媒介是达敏硬蜱和太平洋硬蜱，欧洲为篦子硬蜱，我国主要是全沟硬蜱和嗜群血蜱。莱姆病也存在直接接触传播、经血液传播和垂直传播。

（四）流行特点

莱姆病呈全球性分布，我国有 26 个省（区、市）存在感染。疫区相对集中，呈地方性流行，我国的主要疫区在东北、西北、华北的林区。早期病例有明显的季节性，初发于 4 月末，6 月上中旬达到高峰，8 月以后仅见散发病例；晚期病例一年四季均有发生。莱姆病的发病高峰与当地蜱类的活动时间、数量及活动高峰一致。本病多发于职业人群，以林区工作者、居民和旅游者常见。莱姆病老少均可发病，但以青壮年为主，性别差异不大。可能存在一部分隐性感染人群。

二、临床症状

伯氏疏螺旋体在蜱叮咬动物时，随蜱唾液进入皮肤，也可能随蜱粪便污染创口而进入体内，经3～32天潜伏期，病原体在皮肤中扩散，形成皮肤损害，当病原体侵入血液后，引起发热，关节肿胀，疼痛，神经系统、心血管系统、肾脏受损并出现相应的临床症状。

犬：急性感染时，症状主要表现为发热（39.5～40.5℃）、游走性跛行、关节肿大、四肢僵硬，手压患部关节有柔软感，运动时疼痛，局部淋巴结肿大、厌食、嗜睡，抗生素治疗有效。但很难作出准确诊断，因为在血清学阳性和阴性犬中，这些症状出现的比例无明显差异。慢性感染时，症状主要表现为多发性关节炎，且用抗生素治疗时，关节炎症状仍持续。在有急性肾衰竭的病例中，常出现氮血症、尿毒症、蛋白尿、外周浮肿和体液渗出。多见于拉布拉多犬和金毛猎犬，临床症状可持续24小时至8周，常突然发作，表现为厌食、呕吐、精神沉郁、体重减轻，部分犬可出现跛行。所有犬终因肾衰竭而死亡。部分病例还可出现神经功能紊乱和心肌炎。

猫：与犬相比，猫对伯氏疏螺旋体的抵抗力较强，感染后虽呈血清学阳性，但却较少表现临床症状，仅少数病例可出现关节炎和脑膜炎症状。

马：嗜睡，低热（38.6～39.1℃），触摸蜱叮咬部位高度敏感，被蜱叮咬的四肢常易发生脱毛和皮肤脱落。前肢或后肢疼痛和轻度肿胀，跛行或四肢僵硬不愿走动。有些病马出现脑炎症状，大量出汗，头颈倾斜，尾巴弛缓、麻痹，吞咽饲料困难，不能久立一处，常无目标地运动。妊娠马易发生死胎和流产。

牛：发热、沉郁、身体无力、跛行、关节肿胀疼痛。病初轻度腹泻，继之出现水样腹泻。奶牛产奶量减少，早期怀孕母牛感染后可发生流产。有些病牛出现心肌炎、肾炎和肺炎等症状。可从感染牛的血液、尿、关节液、肺和肝脏中检出病原体。

三、预防措施

预防莱姆病需采取综合的防治措施。

（一）消灭传染源

疫区应定期进行灭鼠，控制蜱类种群及数量，降低它们的危害程度。可以采取综合防治措施，从环境管理、化学防控、生物防控、遗传防控、个体或集体防护措施等方面联合进行。

利用自然天敌来防止蜱类的滋生。如膜翅目跳小蜂科的几种寄生蜂是将卵产在蜱体内的，寄生后可使蜱死亡。

犬、猫是各种蜱类重要的宿主动物，因此家养犬、猫要做好饲养管理。注意动物卫生，定期洗澡，清洁居住环境；使用适宜驱虫药定期驱除体内外寄生虫；不带动物去草木茂盛的地方玩耍。

（二）切断传播途径

蜱类生存需要适宜的环境条件。一般蜱类4—6月为繁殖高峰期，平时多停留在高30~50厘米的草端。因此，人们可通过改变草木结构改变蜱类的生活环境，从而使蜱类无法生存。在养殖场、生活社区，室外草坪定期修剪，居住的房屋室内表面、宠物舍和野外栖息地可使用药物喷洒以及驱虫剂防蜱制蜱。

（三）注意个人防护

在莱姆病流行季节避免在草地上坐卧及晒衣物；人畜尽量不去可能有蜱隐匿的深草区、灌木丛等；在野外工作时尽量穿浅色衣服，穿长袖长裤，应扎紧领口、袖口及裤脚，保护好外露部位，喷涂驱虫剂。经常检查衣服和体表，特别是在室外活动工作后。若发现有蜱叮咬，应用正确的方式将其除去，并应用抗生素以达到预防的目的。居家宠物要定期驱虫、检查并移除身上的病媒蜱，特别是犬。同时，应开展多种形式的莱姆病知识防控宣传。

四、公共卫生安全

人的莱姆病潜伏期为 3~32 天，平均为 7~9 天。临床分为三期，病人可仅有一个病期，也可同时具有三个病期。

Ⅰ期为早期感染期，以局部性游走红斑（ECM）及早期流感样症状为主。被蜱虫叮咬部位于 7~10 天后，出现红色小斑或小丘疹，逐渐扩大成环状，中心稍变硬，外缘边界鲜红。病变以躯干部多见，儿童则多见于面部，局部可有灼热及痒感。部分人群为非典型性红斑，如荨麻疹样红斑、肉芽肿、致密性红斑等。早期感染期病人还呈现早期流感症状，乏力、畏寒发热、头痛、恶心、呕吐、关节和肌肉疼痛等，局部和全身淋巴结肿大，偶有脾肿大、肝炎、咽炎、结膜炎、虹膜炎或睾丸肿胀。

此期持续时间为 1~4 周，少数可达数月。

Ⅱ期为播散性感染期，数周或数月内发生的间歇性症状。发病后数周或数月，15%~18%的患者出现明显的神经系统症状，表现为脑膜炎、脑炎、舞蹈病、小脑共济失调、颅神经炎、运动及感觉性神经根炎以及脊椎炎等多种病变，但以脑膜炎、颅神经炎及神经根炎多见。病变可反复发作，偶可发展为痴呆及人格障碍。约8%的患者出现心脏受累的征象，发生不同程度的房室传导阻滞、心肌炎、心包炎及左心室功能障碍等心脏损害。心脏损害一般持续仅数周，但可复发。

Ⅲ期为感染晚期，多是在疾病发生 1 年后开始。感染后数周至 2 年内，80%左右的患者出现程度不等的关节症状如关节疼痛、关节炎或慢性侵蚀性滑膜炎。以膝、肘、髋等大关节多发，小关节周围组织亦可受累。主要症状为关节疼痛及肿胀，膝关节可有少量积液。常反复发作，少数患者大关节的病变可变为慢性，伴有软骨和骨组织的破坏。此期少数患者可有慢性神经系统损害及慢性萎缩性肢端皮炎的表现。

莱姆病属于人兽共患病，人和动物因被蜱叮咬吸食血液感染。因此，农畜与伴侣动物不是人的感染源。但宠物会携带或黏附感染的蜱虫进入家庭，通过近距离的接触传播给人或其他动物。因蜱虫等节肢动物分布广泛、体型小，预示莱姆病的防控面临巨大困难；再加上虫媒疾病特有的传播关系，增加了病原体经由与人接触密切的动物感染人的机会。职业性莱姆病已于 2013 年增加到职业性传染病目录中。面对莱姆病感染的威胁，一方面要抓紧研究莱姆病病原的致病机制及病原和媒介宿主的致病关系；另一方面加紧建立莱姆病的防控体系，加强流行病学调查和诊断治疗水平，结合国外经验有效防控我国莱姆病对人和动物的危害。

附录1 相关法律法规技术规范

中华人民共和国动物防疫法

（1997 年 7 月 3 日第八届全国人民代表大会常务委员会第二十六次会议通过　2007 年 8 月 30 日第十届全国人民代表大会常务委员会第二十九次会议第一次修订　根据 2013 年 6 月 29 日第十二届全国人民代表大会常务委员会第三次会议《关于修改〈中华人民共和国文物保护法〉等十二部法律的决定》第一次修正　根据 2015 年 4 月 24 日第十二届全国人民代表大会常务委员会第十四次会议《关于修改〈中华人民共和国电力法〉等六部法律的决定》第二次修正　2021 年 1 月 22 日第十三届全国人民代表大会常务委员会第二十五次会议第二次修订）

目　录

第一章　总　则

第二章　动物疫病的预防

第三章　动物疫情的报告、通报和公布

第四章　动物疫病的控制

第五章　动物和动物产品的检疫

第六章　病死动物和病害动物产品的无害化处理

第七章　动物诊疗

第八章　兽医管理

第九章　监督管理

第十章　保障措施

第十一章　法律责任

第十二章　附　则

第一章　总　则

第一条　为了加强对动物防疫活动的管理，预防、控制、净化、消灭动物疫病，促进养殖业发展，防控人畜共患传染病，保障公共卫生安全和人体健康，制定本法。

第二条　本法适用于在中华人民共和国领域内的动物防疫及其监督管理活动。

进出境动物、动物产品的检疫，适用《中华人民共和国进出境动植物检疫法》。

第三条　本法所称动物，是指家畜家禽和人工饲养、捕获的其他动物。

本法所称动物产品，是指动物的肉、生皮、原毛、绒、脏器、脂、血液、精液、卵、胚胎、骨、蹄、头、角、筋以及可能传播动物疫病的奶、蛋等。

本法所称动物疫病，是指动物传染病，包括寄生虫病。

本法所称动物防疫，是指动物疫病的预防、控制、诊疗、净化、消灭和动物、动物产品的检疫，以及病死动物、病害动物产品的无害化处理。

第四条　根据动物疫病对养殖业生产和人体健康的危害程度，本法规定的动物疫病分为下列三类：

（一）一类疫病，是指口蹄疫、非洲猪瘟、高致病性禽流感等对人、动物构成特别严重危害，可能造成重大经济损失和社会影响，需要采取紧急、严厉的强制预防、控制等措施的；

（二）二类疫病，是指狂犬病、布鲁氏菌病、草鱼出血病等对人、动物构成严重危害，可能造成较大经济损失和社会影响，需要采取严格预防、控制等措施的；

（三）三类疫病，是指大肠杆菌病、禽结核病、鳖腮腺炎病等常见多发，对人、动物构成危害，可能造成一定程度的经济损失和社会影响，需要及时预防、控制的。

前款一、二、三类动物疫病具体病种名录由国务院农业农村主管部门制定并公布。国务院农业农村主管部门应当根据动物疫病发生、流行情况和危害程度，及时增加、减少或者调整一、二、三类动物疫病具体病种并予以公布。

人畜共患传染病名录由国务院农业农村主管部门会同国务院卫生健康、野生动物保护等主管部门制定并公布。

第五条　动物防疫实行预防为主，预防与控制、净化、消灭相结合的方针。

第六条　国家鼓励社会力量参与动物防疫工作。各级人民政府采取措施，支持单位和个人参与动物防疫的宣传教育、疫情报告、志愿服务和捐赠等活动。

第七条 从事动物饲养、屠宰、经营、隔离、运输以及动物产品生产、经营、加工、贮藏等活动的单位和个人，依照本法和国务院农业农村主管部门的规定，做好免疫、消毒、检测、隔离、净化、消灭、无害化处理等动物防疫工作，承担动物防疫相关责任。

第八条 县级以上人民政府对动物防疫工作实行统一领导，采取有效措施稳定基层机构队伍，加强动物防疫队伍建设，建立健全动物防疫体系，制定并组织实施动物疫病防治规划。

乡级人民政府、街道办事处组织群众做好本辖区的动物疫病预防与控制工作，村民委员会、居民委员会予以协助。

第九条 国务院农业农村主管部门主管全国的动物防疫工作。

县级以上地方人民政府农业农村主管部门主管本行政区域的动物防疫工作。

县级以上人民政府其他有关部门在各自职责范围内做好动物防疫工作。

军队动物卫生监督职能部门负责军队现役动物和饲养自用动物的防疫工作。

第十条 县级以上人民政府卫生健康主管部门和本级人民政府农业农村、野生动物保护等主管部门应当建立人畜共患传染病防治的协作机制。

国务院农业农村主管部门和海关总署等部门应当建立防止

境外动物疫病输入的协作机制。

第十一条　县级以上地方人民政府的动物卫生监督机构依照本法规定，负责动物、动物产品的检疫工作。

第十二条　县级以上人民政府按照国务院的规定，根据统筹规划、合理布局、综合设置的原则建立动物疫病预防控制机构。

动物疫病预防控制机构承担动物疫病的监测、检测、诊断、流行病学调查、疫情报告以及其他预防、控制等技术工作；承担动物疫病净化、消灭的技术工作。

第十三条　国家鼓励和支持开展动物疫病的科学研究以及国际合作与交流，推广先进适用的科学研究成果，提高动物疫病防治的科学技术水平。

各级人民政府和有关部门、新闻媒体，应当加强对动物防疫法律法规和动物防疫知识的宣传。

第十四条　对在动物防疫工作、相关科学研究、动物疫情扑灭中作出贡献的单位和个人，各级人民政府和有关部门按照国家有关规定给予表彰、奖励。

有关单位应当依法为动物防疫人员缴纳工伤保险费。对因参与动物防疫工作致病、致残、死亡的人员，按照国家有关规定给予补助或者抚恤。

第二章　动物疫病的预防

第十五条　国家建立动物疫病风险评估制度。

国务院农业农村主管部门根据国内外动物疫情以及保护养

殖业生产和人体健康的需要，及时会同国务院卫生健康等有关部门对动物疫病进行风险评估，并制定、公布动物疫病预防、控制、净化、消灭措施和技术规范。

省、自治区、直辖市人民政府农业农村主管部门会同本级人民政府卫生健康等有关部门开展本行政区域的动物疫病风险评估，并落实动物疫病预防、控制、净化、消灭措施。

第十六条 国家对严重危害养殖业生产和人体健康的动物疫病实施强制免疫。

国务院农业农村主管部门确定强制免疫的动物疫病病种和区域。

省、自治区、直辖市人民政府农业农村主管部门制定本行政区域的强制免疫计划；根据本行政区域动物疫病流行情况增加实施强制免疫的动物疫病病种和区域，报本级人民政府批准后执行，并报国务院农业农村主管部门备案。

第十七条 饲养动物的单位和个人应当履行动物疫病强制免疫义务，按照强制免疫计划和技术规范，对动物实施免疫接种，并按照国家有关规定建立免疫档案、加施畜禽标识，保证可追溯。

实施强制免疫接种的动物未达到免疫质量要求，实施补充免疫接种后仍不符合免疫质量要求的，有关单位和个人应当按照国家有关规定处理。

用于预防接种的疫苗应当符合国家质量标准。

第十八条 县级以上地方人民政府农业农村主管部门负责组织实施动物疫病强制免疫计划，并对饲养动物的单位和个人履行强制免疫义务的情况进行监督检查。

乡级人民政府、街道办事处组织本辖区饲养动物的单位和个人做好强制免疫，协助做好监督检查；村民委员会、居民委员会协助做好相关工作。

县级以上地方人民政府农业农村主管部门应当定期对本行政区域的强制免疫计划实施情况和效果进行评估，并向社会公布评估结果。

第十九条 国家实行动物疫病监测和疫情预警制度。

县级以上人民政府建立健全动物疫病监测网络，加强动物疫病监测。

国务院农业农村主管部门会同国务院有关部门制定国家动物疫病监测计划。省、自治区、直辖市人民政府农业农村主管部门根据国家动物疫病监测计划，制定本行政区域的动物疫病监测计划。

动物疫病预防控制机构按照国务院农业农村主管部门的规定和动物疫病监测计划，对动物疫病的发生、流行等情况进行监测；从事动物饲养、屠宰、经营、隔离、运输以及动物产品生产、经营、加工、贮藏、无害化处理等活动的单位和个人不得拒绝或者阻碍。

国务院农业农村主管部门和省、自治区、直辖市人民政府农业农村主管部门根据对动物疫病发生、流行趋势的预测，及时发出动物疫情预警。地方各级人民政府接到动物疫情预警后，应当及时采取预防、控制措施。

第二十条 陆路边境省、自治区人民政府根据动物疫病防控需要，合理设置动物疫病监测站点，健全监测工作机制，防范境外动物疫病传入。

科技、海关等部门按照本法和有关法律法规的规定做好动物疫病监测预警工作，并定期与农业农村主管部门互通情况，紧急情况及时通报。

县级以上人民政府应当完善野生动物疫源疫病监测体系和工作机制，根据需要合理布局监测站点；野生动物保护、农业农村主管部门按照职责分工做好野生动物疫源疫病监测等工作，并定期互通情况，紧急情况及时通报。

第二十一条　国家支持地方建立无规定动物疫病区，鼓励动物饲养场建设无规定动物疫病生物安全隔离区。对符合国务院农业农村主管部门规定标准的无规定动物疫病区和无规定动物疫病生物安全隔离区，国务院农业农村主管部门验收合格予以公布，并对其维持情况进行监督检查。

省、自治区、直辖市人民政府制定并组织实施本行政区域的无规定动物疫病区建设方案。国务院农业农村主管部门指导跨省、自治区、直辖市无规定动物疫病区建设。

国务院农业农村主管部门根据行政区划、养殖屠宰产业布局、风险评估情况等对动物疫病实施分区防控，可以采取禁止或者限制特定动物、动物产品跨区域调运等措施。

第二十二条　国务院农业农村主管部门制定并组织实施动物疫病净化、消灭规划。

县级以上地方人民政府根据动物疫病净化、消灭规划，制定并组织实施本行政区域的动物疫病净化、消灭计划。

动物疫病预防控制机构按照动物疫病净化、消灭规划、计划，开展动物疫病净化技术指导、培训，对动物疫病净化效果进行监测、评估。

国家推进动物疫病净化，鼓励和支持饲养动物的单位和个人开展动物疫病净化。饲养动物的单位和个人达到国务院农业农村主管部门规定的净化标准的，由省级以上人民政府农业农村主管部门予以公布。

第二十三条　种用、乳用动物应当符合国务院农业农村主管部门规定的健康标准。

饲养种用、乳用动物的单位和个人，应当按照国务院农业农村主管部门的要求，定期开展动物疫病检测；检测不合格的，应当按照国家有关规定处理。

第二十四条　动物饲养场和隔离场所、动物屠宰加工场所以及动物和动物产品无害化处理场所，应当符合下列动物防疫条件：

（一）场所的位置与居民生活区、生活饮用水水源地、学校、医院等公共场所的距离符合国务院农业农村主管部门的规定；

（二）生产经营区域封闭隔离，工程设计和有关流程符合动物防疫要求；

（三）有与其规模相适应的污水、污物处理设施，病死动物、病害动物产品无害化处理设施设备或者冷藏冷冻设施设备，以及清洗消毒设施设备；

（四）有与其规模相适应的执业兽医或者动物防疫技术

人员；

（五）有完善的隔离消毒、购销台账、日常巡查等动物防疫制度；

（六）具备国务院农业农村主管部门规定的其他动物防疫条件。

动物和动物产品无害化处理场所除应当符合前款规定的条件外，还应当具有病原检测设备、检测能力和符合动物防疫要求的专用运输车辆。

第二十五条 国家实行动物防疫条件审查制度。

开办动物饲养场和隔离场所、动物屠宰加工场所以及动物和动物产品无害化处理场所，应当向县级以上地方人民政府农业农村主管部门提出申请，并附具相关材料。受理申请的农业农村主管部门应当依照本法和《中华人民共和国行政许可法》的规定进行审查。经审查合格的，发给动物防疫条件合格证；不合格的，应当通知申请人并说明理由。

动物防疫条件合格证应当载明申请人的名称（姓名）、场（厂）址、动物（动物产品）种类等事项。

第二十六条 经营动物、动物产品的集贸市场应当具备国务院农业农村主管部门规定的动物防疫条件，并接受农业农村主管部门的监督检查。具体办法由国务院农业农村主管部门制定。

县级以上地方人民政府应当根据本地情况，决定在城市特定区域禁止家畜家禽活体交易。

第二十七条 动物、动物产品的运载工具、垫料、包装物、容器等应当符合国务院农业农村主管部门规定的动物防疫要求。

染疫动物及其排泄物、染疫动物产品，运载工具中的动物排泄物以及垫料、包装物、容器等被污染的物品，应当按照国家有关规定处理，不得随意处置。

第二十八条　采集、保存、运输动物病料或者病原微生物以及从事病原微生物研究、教学、检测、诊断等活动，应当遵守国家有关病原微生物实验室管理的规定。

第二十九条　禁止屠宰、经营、运输下列动物和生产、经营、加工、贮藏、运输下列动物产品：

（一）封锁疫区内与所发生动物疫病有关的；

（二）疫区内易感染的；

（三）依法应当检疫而未经检疫或者检疫不合格的；

（四）染疫或者疑似染疫的；

（五）病死或者死因不明的；

（六）其他不符合国务院农业农村主管部门有关动物防疫规定的。

因实施集中无害化处理需要暂存、运输动物和动物产品并按照规定采取防疫措施的，不适用前款规定。

第三十条　单位和个人饲养犬只，应当按照规定定期免疫接种狂犬病疫苗，凭动物诊疗机构出具的免疫证明向所在地养犬登记机关申请登记。

携带犬只出户的，应当按照规定佩戴犬牌并采取系犬绳等措施，防止犬只伤人、疫病传播。

街道办事处、乡级人民政府组织协调居民委员会、村民委员会，做好本辖区流浪犬、猫的控制和处置，防止疫病传播。

县级人民政府和乡级人民政府、街道办事处应当结合本地实际，做好农村地区饲养犬只的防疫管理工作。

饲养犬只防疫管理的具体办法，由省、自治区、直辖市制定。

第三章　动物疫情的报告、通报和公布

第三十一条　从事动物疫病监测、检测、检验检疫、研究、诊疗以及动物饲养、屠宰、经营、隔离、运输等活动的单位和个人，发现动物染疫或者疑似染疫的，应当立即向所在地农业农村主管部门或者动物疫病预防控制机构报告，并迅速采取隔离等控制措施，防止动物疫情扩散。其他单位和个人发现动物染疫或者疑似染疫的，应当及时报告。

接到动物疫情报告的单位，应当及时采取临时隔离控制等必要措施，防止延误防控时机，并及时按照国家规定的程序上报。

第三十二条　动物疫情由县级以上人民政府农业农村主管部门认定；其中重大动物疫情由省、自治区、直辖市人民政府农业农村主管部门认定，必要时报国务院农业农村主管部门认定。

本法所称重大动物疫情，是指一、二、三类动物疫病突然发生，迅速传播，给养殖业生产安全造成严重威胁、危害，以及可能对公众身体健康与生命安全造成危害的情形。

在重大动物疫情报告期间，必要时，所在地县级以上地方

人民政府可以作出封锁决定并采取扑杀、销毁等措施。

第三十三条 国家实行动物疫情通报制度。

国务院农业农村主管部门应当及时向国务院卫生健康等有关部门和军队有关部门以及省、自治区、直辖市人民政府农业农村主管部门通报重大动物疫情的发生和处置情况。

海关发现进出境动物和动物产品染疫或者疑似染疫的，应当及时处置并向农业农村主管部门通报。

县级以上地方人民政府野生动物保护主管部门发现野生动物染疫或者疑似染疫的，应当及时处置并向本级人民政府农业农村主管部门通报。

国务院农业农村主管部门应当依照我国缔结或者参加的条约、协定，及时向有关国际组织或者贸易方通报重大动物疫情的发生和处置情况。

第三十四条 发生人畜共患传染病疫情时，县级以上人民政府农业农村主管部门与本级人民政府卫生健康、野生动物保护等主管部门应当及时相互通报。

发生人畜共患传染病时，卫生健康主管部门应当对疫区易感染的人群进行监测，并应当依照《中华人民共和国传染病防治法》的规定及时公布疫情，采取相应的预防、控制措施。

第三十五条 患有人畜共患传染病的人员不得直接从事动物疫病监测、检测、检验检疫、诊疗以及易感染动物的饲养、屠宰、经营、隔离、运输等活动。

第三十六条 国务院农业农村主管部门向社会及时公布全国动物疫情，也可以根据需要授权省、自治区、直辖市人民政府农业农村主管部门公布本行政区域的动物疫情。其他单位和个人不得发布动物疫情。

第三十七条 任何单位和个人不得瞒报、谎报、迟报、漏报动物疫情，不得授意他人瞒报、谎报、迟报动物疫情，不得阻碍他人报告动物疫情。

第四章 动物疫病的控制

第三十八条 发生一类动物疫病时，应当采取下列控制措施：

（一）所在地县级以上地方人民政府农业农村主管部门应当立即派人到现场，划定疫点、疫区、受威胁区，调查疫源，及时报请本级人民政府对疫区实行封锁。疫区范围涉及两个以上行政区域的，由有关行政区域共同的上一级人民政府对疫区实行封锁，或者由各有关行政区域的上一级人民政府共同对疫区实行封锁。必要时，上级人民政府可以责成下级人民政府对疫区实行封锁；

（二）县级以上地方人民政府应当立即组织有关部门和单位采取封锁、隔离、扑杀、销毁、消毒、无害化处理、紧急免疫接种等强制性措施；

（三）在封锁期间，禁止染疫、疑似染疫和易感染的动物、动物产品流出疫区，禁止非疫区的易感染动物进入疫区，并根据需要对出入疫区的人员、运输工具及有关物品采取消毒和其他限制性措施。

第三十九条 发生二类动物疫病时，应当采取下列控制措施：

（一）所在地县级以上地方人民政府农业农村主管部门应当划定疫点、疫区、受威胁区；

（二）县级以上地方人民政府根据需要组织有关部门和单位采取隔离、扑杀、销毁、消毒、无害化处理、紧急免疫接种、限制易感染的动物和动物产品及有关物品出入等措施。

第四十条　疫点、疫区、受威胁区的撤销和疫区封锁的解除，按照国务院农业农村主管部门规定的标准和程序评估后，由原决定机关决定并宣布。

第四十一条　发生三类动物疫病时，所在地县级、乡级人民政府应当按照国务院农业农村主管部门的规定组织防治。

第四十二条　二、三类动物疫病呈暴发性流行时，按照一类动物疫病处理。

第四十三条　疫区内有关单位和个人，应当遵守县级以上人民政府及其农业农村主管部门依法作出的有关控制动物疫病的规定。

任何单位和个人不得藏匿、转移、盗掘已被依法隔离、封存、处理的动物和动物产品。

第四十四条　发生动物疫情时，航空、铁路、道路、水路运输企业应当优先组织运送防疫人员和物资。

第四十五条　国务院农业农村主管部门根据动物疫病的性质、特点和可能造成的社会危害，制定国家重大动物疫情应急预案报国务院批准，并按照不同动物疫病病种、流行特点和危害程度，分别制定实施方案。

县级以上地方人民政府根据上级重大动物疫情应急预案和本地区的实际情况，制定本行政区域的重大动物疫情应急预案，报上一级人民政府农业农村主管部门备案，并抄送上一级人民政府应急管理部门。县级以上地方人民政府农业农村主管部门按照不同动物疫病病种、流行特点和危害程度，分别制定实施方案。

重大动物疫情应急预案和实施方案根据疫情状况及时调整。

第四十六条 发生重大动物疫情时，国务院农业农村主管部门负责划定动物疫病风险区，禁止或者限制特定动物、动物产品由高风险区向低风险区调运。

第四十七条 发生重大动物疫情时，依照法律和国务院的规定以及应急预案采取应急处置措施。

第五章 动物和动物产品的检疫

第四十八条 动物卫生监督机构依照本法和国务院农业农村主管部门的规定对动物、动物产品实施检疫。

动物卫生监督机构的官方兽医具体实施动物、动物产品检疫。

第四十九条 屠宰、出售或者运输动物以及出售或者运输动物产品前，货主应当按照国务院农业农村主管部门的规定向所在地动物卫生监督机构申报检疫。

动物卫生监督机构接到检疫申报后，应当及时指派官方兽医对动物、动物产品实施检疫；检疫合格的，出具检疫证明、加施检疫标志。实施检疫的官方兽医应当在检疫证明、检疫标志上签字或者盖章，并对检疫结论负责。

动物饲养场、屠宰企业的执业兽医或者动物防疫技术人员，应当协助官方兽医实施检疫。

第五十条　因科研、药用、展示等特殊情形需要非食用性利用的野生动物，应当按照国家有关规定报动物卫生监督机构检疫，检疫合格的，方可利用。

人工捕获的野生动物，应当按照国家有关规定报捕获地动物卫生监督机构检疫，检疫合格的，方可饲养、经营和运输。

国务院农业农村主管部门会同国务院野生动物保护主管部门制定野生动物检疫办法。

第五十一条　屠宰、经营、运输的动物，以及用于科研、展示、演出和比赛等非食用性利用的动物，应当附有检疫证明；经营和运输的动物产品，应当附有检疫证明、检疫标志。

第五十二条　经航空、铁路、道路、水路运输动物和动物产品的，托运人托运时应当提供检疫证明；没有检疫证明的，承运人不得承运。

进出口动物和动物产品，承运人凭进口报关单证或者海关签发的检疫单证运递。

从事动物运输的单位、个人以及车辆，应当向所在地县级人民政府农业农村主管部门备案，妥善保存行程路线和托运人提供的动物名称、检疫证明编号、数量等信息。具体办法由国务院农业农村主管部门制定。

运载工具在装载前和卸载后应当及时清洗、消毒。

第五十三条　省、自治区、直辖市人民政府确定并公布道路运输的动物进入本行政区域的指定通道，设置引导标志。跨省、自治区、直辖市通过道路运输动物的，应当经省、自治区、直辖市人民政府设立的指定通道入省境或者过省境。

第五十四条　输入到无规定动物疫病区的动物、动物产品，货主应当按照国务院农业农村主管部门的规定向无规定动物疫病区所在地动物卫生监督机构申报检疫，经检疫合格的，方可进入。

第五十五条　跨省、自治区、直辖市引进的种用、乳用动物到达输入地后，货主应当按照国务院农业农村主管部门的规定对引进的种用、乳用动物进行隔离观察。

第五十六条　经检疫不合格的动物、动物产品，货主应当在农业农村主管部门的监督下按照国家有关规定处理，处理费用由货主承担。

第六章　病死动物和病害动物产品的无害化处理

第五十七条　从事动物饲养、屠宰、经营、隔离以及动物产品生产、经营、加工、贮藏等活动的单位和个人，应当按照国家有关规定做好病死动物、病害动物产品的无害化处理，或者委托动物和动物产品无害化处理场所处理。

从事动物、动物产品运输的单位和个人，应当配合做好病死动物和病害动物产品的无害化处理，不得在途中擅自弃置和处理有关动物和动物产品。

任何单位和个人不得买卖、加工、随意弃置病死动物和病害动物产品。

动物和动物产品无害化处理管理办法由国务院农业农村、野生动物保护主管部门按照职责制定。

第五十八条 在江河、湖泊、水库等水域发现的死亡畜禽，由所在地县级人民政府组织收集、处理并溯源。

在城市公共场所和乡村发现的死亡畜禽，由所在地街道办事处、乡级人民政府组织收集、处理并溯源。

在野外环境发现的死亡野生动物，由所在地野生动物保护主管部门收集、处理。

第五十九条 省、自治区、直辖市人民政府制定动物和动物产品集中无害化处理场所建设规划，建立政府主导、市场运作的无害化处理机制。

第六十条 各级财政对病死动物无害化处理提供补助。具体补助标准和办法由县级以上人民政府财政部门会同本级人民政府农业农村、野生动物保护等有关部门制定。

第七章 动物诊疗

第六十一条 从事动物诊疗活动的机构，应当具备下列条件：

（一）有与动物诊疗活动相适应并符合动物防疫条件的场所；

（二）有与动物诊疗活动相适应的执业兽医；

（三）有与动物诊疗活动相适应的兽医器械和设备；

（四）有完善的管理制度。

动物诊疗机构包括动物医院、动物诊所以及其他提供动物诊疗服务的机构。

第六十二条　从事动物诊疗活动的机构，应当向县级以上地方人民政府农业农村主管部门申请动物诊疗许可证。受理申请的农业农村主管部门应当依照本法和《中华人民共和国行政许可法》的规定进行审查。经审查合格的，发给动物诊疗许可证；不合格的，应当通知申请人并说明理由。

第六十三条　动物诊疗许可证应当载明诊疗机构名称、诊疗活动范围、从业地点和法定代表人（负责人）等事项。

动物诊疗许可证载明事项变更的，应当申请变更或者换发动物诊疗许可证。

第六十四条　动物诊疗机构应当按照国务院农业农村主管部门的规定，做好诊疗活动中的卫生安全防护、消毒、隔离和诊疗废弃物处置等工作。

第六十五条　从事动物诊疗活动，应当遵守有关动物诊疗的操作技术规范，使用符合规定的兽药和兽医器械。

兽药和兽医器械的管理办法由国务院规定。

第八章　兽医管理

第六十六条　国家实行官方兽医任命制度。

官方兽医应当具备国务院农业农村主管部门规定的条件，由省、自治区、直辖市人民政府农业农村主管部门按照程序确认，由所在地县级以上人民政府农业农村主管部门任命。具体办法由国务院农业农村主管部门制定。

海关的官方兽医应当具备规定的条件，由海关总署任命。

具体办法由海关总署会同国务院农业农村主管部门制定。

第六十七条 官方兽医依法履行动物、动物产品检疫职责，任何单位和个人不得拒绝或者阻碍。

第六十八条 县级以上人民政府农业农村主管部门制定官方兽医培训计划，提供培训条件，定期对官方兽医进行培训和考核。

第六十九条 国家实行执业兽医资格考试制度。具有兽医相关专业大学专科以上学历的人员或者符合条件的乡村兽医，通过执业兽医资格考试的，由省、自治区、直辖市人民政府农业农村主管部门颁发执业兽医资格证书；从事动物诊疗等经营活动的，还应当向所在地县级人民政府农业农村主管部门备案。

执业兽医资格考试办法由国务院农业农村主管部门商国务院人力资源主管部门制定。

第七十条 执业兽医开具兽医处方应当亲自诊断，并对诊断结论负责。

国家鼓励执业兽医接受继续教育。执业兽医所在机构应当支持执业兽医参加继续教育。

第七十一条 乡村兽医可以在乡村从事动物诊疗活动。具体管理办法由国务院农业农村主管部门制定。

第七十二条 执业兽医、乡村兽医应当按照所在地人民政府和农业农村主管部门的要求，参加动物疫病预防、控制和动物疫情扑灭等活动。

第七十三条 兽医行业协会提供兽医信息、技术、培训等服务，维护成员合法权益，按照章程建立健全行业规范和奖惩机制，加强行业自律，推动行业诚信建设，宣传动物防疫和兽医知识。

第九章　监督管理

第七十四条　县级以上地方人民政府农业农村主管部门依照本法规定，对动物饲养、屠宰、经营、隔离、运输以及动物产品生产、经营、加工、贮藏、运输等活动中的动物防疫实施监督管理。

第七十五条　为控制动物疫病，县级人民政府农业农村主管部门应当派人在所在地依法设立的现有检查站执行监督检查任务；必要时，经省、自治区、直辖市人民政府批准，可以设立临时性的动物防疫检查站，执行监督检查任务。

第七十六条　县级以上地方人民政府农业农村主管部门执行监督检查任务，可以采取下列措施，有关单位和个人不得拒绝或者阻碍：

（一）对动物、动物产品按照规定采样、留验、抽检；

（二）对染疫或者疑似染疫的动物、动物产品及相关物品进行隔离、查封、扣押和处理；

（三）对依法应当检疫而未经检疫的动物和动物产品，具备补检条件的实施补检，不具备补检条件的予以收缴销毁；

（四）查验检疫证明、检疫标志和畜禽标识；

（五）进入有关场所调查取证，查阅、复制与动物防疫有关的资料。

县级以上地方人民政府农业农村主管部门根据动物疫病预

防、控制需要，经所在地县级以上地方人民政府批准，可以在车站、港口、机场等相关场所派驻官方兽医或者工作人员。

第七十七条　执法人员执行动物防疫监督检查任务，应当出示行政执法证件，佩戴统一标志。

县级以上人民政府农业农村主管部门及其工作人员不得从事与动物防疫有关的经营性活动，进行监督检查不得收取任何费用。

第七十八条　禁止转让、伪造或者变造检疫证明、检疫标志或者畜禽标识。

禁止持有、使用伪造或者变造的检疫证明、检疫标志或者畜禽标识。

检疫证明、检疫标志的管理办法由国务院农业农村主管部门制定。

第十章　保障措施

第七十九条　县级以上人民政府应当将动物防疫工作纳入本级国民经济和社会发展规划及年度计划。

第八十条　国家鼓励和支持动物防疫领域新技术、新设备、新产品等科学技术研究开发。

第八十一条　县级人民政府应当为动物卫生监督机构配备与动物、动物产品检疫工作相适应的官方兽医，保障检疫工作条件。

县级人民政府农业农村主管部门可以根据动物防疫工作需要，向乡、镇或者特定区域派驻兽医机构或者工作人员。

第八十二条　国家鼓励和支持执业兽医、乡村兽医和动物诊疗机构开展动物防疫和疫病诊疗活动；鼓励养殖企业、兽药及饲料生产企业组建动物防疫服务团队，提供防疫服务。地方人民政府组织村级防疫员参加动物疫病防治工作的，应当保障村级防疫员合理劳务报酬。

第八十三条　县级以上人民政府按照本级政府职责，将动物疫病的监测、预防、控制、净化、消灭，动物、动物产品的检疫和病死动物的无害化处理，以及监督管理所需经费纳入本级预算。

第八十四条　县级以上人民政府应当储备动物疫情应急处置所需的防疫物资。

第八十五条　对在动物疫病预防、控制、净化、消灭过程中强制扑杀的动物、销毁的动物产品和相关物品，县级以上人民政府给予补偿。具体补偿标准和办法由国务院财政部门会同有关部门制定。

第八十六条　对从事动物疫病预防、检疫、监督检查、现场处理疫情以及在工作中接触动物疫病病原体的人员，有关单位按照国家规定，采取有效的卫生防护、医疗保健措施，给予畜牧兽医医疗卫生津贴等相关待遇。

第十一章　法律责任

第八十七条　地方各级人民政府及其工作人员未依照本法规定履行职责的，对直接负责的主管人员和其他直接责任人员依法给予处分。

第八十八条 县级以上人民政府农业农村主管部门及其工作人员违反本法规定，有下列行为之一的，由本级人民政府责令改正，通报批评；对直接负责的主管人员和其他直接责任人员依法给予处分：

（一）未及时采取预防、控制、扑灭等措施的；

（二）对不符合条件的颁发动物防疫条件合格证、动物诊疗许可证，或者对符合条件的拒不颁发动物防疫条件合格证、动物诊疗许可证的；

（三）从事与动物防疫有关的经营性活动，或者违法收取费用的；

（四）其他未依照本法规定履行职责的行为。

第八十九条 动物卫生监督机构及其工作人员违反本法规定，有下列行为之一的，由本级人民政府或者农业农村主管部门责令改正，通报批评；对直接负责的主管人员和其他直接责任人员依法给予处分：

（一）对未经检疫或者检疫不合格的动物、动物产品出具检疫证明、加施检疫标志，或者对检疫合格的动物、动物产品拒不出具检疫证明、加施检疫标志的；

（二）对附有检疫证明、检疫标志的动物、动物产品重复检疫的；

（三）从事与动物防疫有关的经营性活动，或者违法收取费用的；

（四）其他未依照本法规定履行职责的行为。

第九十条 动物疫病预防控制机构及其工作人员违反本法

规定，有下列行为之一的，由本级人民政府或者农业农村主管部门责令改正，通报批评；对直接负责的主管人员和其他直接责任人员依法给予处分：

（一）未履行动物疫病监测、检测、评估职责或者伪造监测、检测、评估结果的；

（二）发生动物疫情时未及时进行诊断、调查的；

（三）接到染疫或者疑似染疫报告后，未及时按照国家规定采取措施、上报的；

（四）其他未依照本法规定履行职责的行为。

第九十一条 地方各级人民政府、有关部门及其工作人员瞒报、谎报、迟报、漏报或者授意他人瞒报、谎报、迟报动物疫情，或者阻碍他人报告动物疫情的，由上级人民政府或者有关部门责令改正，通报批评；对直接负责的主管人员和其他直接责任人员依法给予处分。

第九十二条 违反本法规定，有下列行为之一的，由县级以上地方人民政府农业农村主管部门责令限期改正，可以处一千元以下罚款；逾期不改正的，处一千元以上五千元以下罚款，由县级以上地方人民政府农业农村主管部门委托动物诊疗机构、无害化处理场所等代为处理，所需费用由违法行为人承担：

（一）对饲养的动物未按照动物疫病强制免疫计划或者免疫技术规范实施免疫接种的；

（二）对饲养的种用、乳用动物未按照国务院农业农村主管部门的要求定期开展疫病检测，或者经检测不合格而未按照规定处理的；

（三）对饲养的犬只未按照规定定期进行狂犬病免疫接种的；

（四）动物、动物产品的运载工具在装载前和卸载后未按照规定及时清洗、消毒的。

第九十三条　违反本法规定，对经强制免疫的动物未按照规定建立免疫档案，或者未按照规定加施畜禽标识的，依照《中华人民共和国畜牧法》的有关规定处罚。

第九十四条　违反本法规定，动物、动物产品的运载工具、垫料、包装物、容器等不符合国务院农业农村主管部门规定的动物防疫要求的，由县级以上地方人民政府农业农村主管部门责令改正，可以处五千元以下罚款；情节严重的，处五千元以上五万元以下罚款。

第九十五条　违反本法规定，对染疫动物及其排泄物、染疫动物产品或者被染疫动物、动物产品污染的运载工具、垫料、包装物、容器等未按照规定处置的，由县级以上地方人民政府农业农村主管部门责令限期处理；逾期不处理的，由县级以上地方人民政府农业农村主管部门委托有关单位代为处理，所需费用由违法行为人承担，处五千元以上五万元以下罚款。

造成环境污染或者生态破坏的，依照环境保护有关法律法规进行处罚。

第九十六条　违反本法规定，患有人畜共患传染病的人员，直接从事动物疫病监测、检测、检验检疫，动物诊疗以及易感染动物的饲养、屠宰、经营、隔离、运输等活动的，由县级以上地方人民政府农业农村或者野生动物保护主管部门责令改正；

拒不改正的，处一千元以上一万元以下罚款；情节严重的，处一万元以上五万元以下罚款。

第九十七条 违反本法第二十九条规定，屠宰、经营、运输动物或者生产、经营、加工、贮藏、运输动物产品的，由县级以上地方人民政府农业农村主管部门责令改正、采取补救措施，没收违法所得、动物和动物产品，并处同类检疫合格动物、动物产品货值金额十五倍以上三十倍以下罚款；同类检疫合格动物、动物产品货值金额不足一万元的，并处五万元以上十五万元以下罚款；其中依法应当检疫而未检疫的，依照本法第一百条的规定处罚。

前款规定的违法行为人及其法定代表人（负责人）、直接负责的主管人员和其他直接责任人员，自处罚决定作出之日起五年内不得从事相关活动；构成犯罪的，终身不得从事屠宰、经营、运输动物或者生产、经营、加工、贮藏、运输动物产品等相关活动。

第九十八条 违反本法规定，有下列行为之一的，由县级以上地方人民政府农业农村主管部门责令改正，处三千元以上三万元以下罚款；情节严重的，责令停业整顿，并处三万元以上十万元以下罚款：

（一）开办动物饲养场和隔离场所、动物屠宰加工场所以及动物和动物产品无害化处理场所，未取得动物防疫条件合格证的；

（二）经营动物、动物产品的集贸市场不具备国务院农业农村主管部门规定的防疫条件的；

（三）未经备案从事动物运输的；

（四）未按照规定保存行程路线和托运人提供的动物名称、检疫证明编号、数量等信息的；

（五）未经检疫合格，向无规定动物疫病区输入动物、动物产品的；

（六）跨省、自治区、直辖市引进种用、乳用动物到达输入地后未按照规定进行隔离观察的；

（七）未按照规定处理或者随意弃置病死动物、病害动物产品的。

第九十九条　动物饲养场和隔离场所、动物屠宰加工场所以及动物和动物产品无害化处理场所，生产经营条件发生变化，不再符合本法第二十四条规定的动物防疫条件继续从事相关活动的，由县级以上地方人民政府农业农村主管部门给予警告，责令限期改正；逾期仍达不到规定条件的，吊销动物防疫条件合格证，并通报市场监督管理部门依法处理。

第一百条　违反本法规定，屠宰、经营、运输的动物未附有检疫证明，经营和运输的动物产品未附有检疫证明、检疫标志的，由县级以上地方人民政府农业农村主管部门责令改正，处同类检疫合格动物、动物产品货值金额一倍以下罚款；对货主以外的承运人处运输费用三倍以上五倍以下罚款，情节严重的，处五倍以上十倍以下罚款。

违反本法规定，用于科研、展示、演出和比赛等非食用性利用的动物未附有检疫证明的，由县级以上地方人民政府农业农村主管部门责令改正，处三千元以上一万元以下罚款。

第一百零一条 违反本法规定，将禁止或者限制调运的特定动物、动物产品由动物疫病高风险区调入低风险区的，由县级以上地方人民政府农业农村主管部门没收运输费用、违法运输的动物和动物产品，并处运输费用一倍以上五倍以下罚款。

第一百零二条 违反本法规定，通过道路跨省、自治区、直辖市运输动物，未经省、自治区、直辖市人民政府设立的指定通道入省境或者过省境的，由县级以上地方人民政府农业农村主管部门对运输人处五千元以上一万元以下罚款；情节严重的，处一万元以上五万元以下罚款。

第一百零三条 违反本法规定，转让、伪造或者变造检疫证明、检疫标志或者畜禽标识的，由县级以上地方人民政府农业农村主管部门没收违法所得和检疫证明、检疫标志、畜禽标识，并处五千元以上五万元以下罚款。

持有、使用伪造或者变造的检疫证明、检疫标志或者畜禽标识的，由县级以上人民政府农业农村主管部门没收检疫证明、检疫标志、畜禽标识和对应的动物、动物产品，并处三千元以上三万元以下罚款。

第一百零四条 违反本法规定，有下列行为之一的，由县级以上地方人民政府农业农村主管部门责令改正，处三千元以上三万元以下罚款：

（一）擅自发布动物疫情的；

（二）不遵守县级以上人民政府及其农业农村主管部门依法作出的有关控制动物疫病规定的；

（三）藏匿、转移、盗掘已被依法隔离、封存、处理的动物和动物产品的。

第一百零五条　违反本法规定，未取得动物诊疗许可证从事动物诊疗活动的，由县级以上地方人民政府农业农村主管部门责令停止诊疗活动，没收违法所得，并处违法所得一倍以上三倍以下罚款；违法所得不足三万元的，并处三千元以上三万元以下罚款。

动物诊疗机构违反本法规定，未按照规定实施卫生安全防护、消毒、隔离和处置诊疗废弃物的，由县级以上地方人民政府农业农村主管部门责令改正，处一千元以上一万元以下罚款；造成动物疫病扩散的，处一万元以上五万元以下罚款；情节严重的，吊销动物诊疗许可证。

第一百零六条　违反本法规定，未经执业兽医备案从事经营性动物诊疗活动的，由县级以上地方人民政府农业农村主管部门责令停止动物诊疗活动，没收违法所得，并处三千元以上三万元以下罚款；对其所在的动物诊疗机构处一万元以上五万元以下罚款。

执业兽医有下列行为之一的，由县级以上地方人民政府农业农村主管部门给予警告，责令暂停六个月以上一年以下动物诊疗活动；情节严重的，吊销执业兽医资格证书：

（一）违反有关动物诊疗的操作技术规范，造成或者可能造成动物疫病传播、流行的；

（二）使用不符合规定的兽药和兽医器械的；

（三）未按照当地人民政府或者农业农村主管部门要求参加动物疫病预防、控制和动物疫情扑灭活动的。

第一百零七条 违反本法规定，生产经营兽医器械，产品质量不符合要求的，由县级以上地方人民政府农业农村主管部门责令限期整改；情节严重的，责令停业整顿，并处二万元以上十万元以下罚款。

第一百零八条 违反本法规定，从事动物疫病研究、诊疗和动物饲养、屠宰、经营、隔离、运输，以及动物产品生产、经营、加工、贮藏、无害化处理等活动的单位和个人，有下列行为之一的，由县级以上地方人民政府农业农村主管部门责令改正，可以处一万元以下罚款；拒不改正的，处一万元以上五万元以下罚款，并可以责令停业整顿：

（一）发现动物染疫、疑似染疫未报告，或者未采取隔离等控制措施的；

（二）不如实提供与动物防疫有关的资料的；

（三）拒绝或者阻碍农业农村主管部门进行监督检查的；

（四）拒绝或者阻碍动物疫病预防控制机构进行动物疫病监测、检测、评估的；

（五）拒绝或者阻碍官方兽医依法履行职责的。

第一百零九条 违反本法规定，造成人畜共患传染病传播、流行的，依法从重给予处分、处罚。

违反本法规定，构成违反治安管理行为的，依法给予治安管理处罚；构成犯罪的，依法追究刑事责任。

违反本法规定，给他人人身、财产造成损害的，依法承担民事责任。

第十二章 附 则

第一百一十条 本法下列用语的含义：

（一）无规定动物疫病区，是指具有天然屏障或者采取人工措施，在一定期限内没有发生规定的一种或者几种动物疫病，并经验收合格的区域；

（二）无规定动物疫病生物安全隔离区，是指处于同一生物安全管理体系下，在一定期限内没有发生规定的一种或者几种动物疫病的若干动物饲养场及其辅助生产场所构成的，并经验收合格的特定小型区域；

（三）病死动物，是指染疫死亡、因病死亡、死因不明或者经检验检疫可能危害人体或者动物健康的死亡动物；

（四）病害动物产品，是指来源于病死动物的产品，或者经检验检疫可能危害人体或者动物健康的动物产品。

第一百一十一条 境外无规定动物疫病区和无规定动物疫病生物安全隔离区的无疫等效性评估，参照本法有关规定执行。

第一百一十二条 实验动物防疫有特殊要求的，按照实验动物管理的有关规定执行。

第一百一十三条 本法自 2021 年 5 月 1 日起施行。

资料来源：国家法律法规数据库 https：//flk.npc.gov.cn/。

高致病性禽流感防治技术规范

高致病性禽流感（Highly Pathogenic Avian Influenza, HPAI）是由正黏病毒科流感病毒属 A 型流感病毒引起的以禽类为主的烈性传染病。世界动物卫生组织（WOAH）将其列为必须报告的动物传染病，我国将其列为一类动物疫病。

为预防、控制和扑灭高致病性禽流感，依据《中华人民共和国动物防疫法》《重大动物疫情应急条例》《国家突发重大动物疫情应急预案》及有关的法律法规制定本规范。

1　适用范围

本规范规定了高致病性禽流感的疫情确认、疫情处置、疫情监测、免疫、检疫监督的操作程序、技术标准及保障措施。

本规范适用于中华人民共和国境内一切与高致病性禽流感防治活动有关的单位和个人。

2　诊断

2.1　流行病学特点

2.1.1　鸡、火鸡、鸭、鹅、鹌鹑、雉鸡、鹧鸪、鸵鸟、孔雀等多种禽类易感，多种野鸟也可感染发病。

2.1.2　传染源主要为病禽（野鸟）和带毒禽（野鸟）。病毒可长期在污染的粪便、水等环境中存活。

2.1.3　病毒传播主要通过接触感染禽（野鸟）及其分泌物和排泄物、污染的饲料、水、蛋托（箱）、垫草、种蛋、鸡胚和精液等媒介，经呼吸道、消化道感染，也可通过气源性媒介传播。

2.2　临床症状

2.2.1　急性发病死亡或不明原因死亡，潜伏期从几小时到数天，最长可达21天；

2.2.2　脚鳞出血；

2.2.3　鸡冠出血或发绀、头部和面部水肿；

2.2.4　鸭、鹅等水禽可见神经和腹泻症状，有时可见角膜炎症，甚至失明；

2.2.5　产蛋突然下降。

2.3　病理变化

2.3.1　消化道、呼吸道黏膜广泛充血、出血；腺胃黏液增多，可见腺胃乳头出血，腺胃和肌胃之间交界处黏膜可见带状出血；

2.3.2　心冠及腹部脂肪出血；

2.3.3　输卵管的中部可见乳白色分泌物或凝块；卵泡充血、出血、萎缩、破裂，有的可见"卵黄性腹膜炎"；

2.3.4　脑部出现坏死灶、血管周围淋巴细胞管套、神经胶质灶、血管增生等病变；胰腺和心肌组织局灶性坏死。

2.4　血清学指标

2.4.1　未免疫禽H5或H7的血凝抑制（HI）效价达到24及以上；

2.4.2　禽流感琼脂免疫扩散试验（AGID）阳性。

2.5 病原学指标

2.5.1 反转录-聚合酶链反应（RT-PCR）检测，结果 H5 或 H7 亚型禽流感阳性；

2.5.2 通用荧光反转录-聚合酶链反应（荧光 RT-PCR）检测阳性；

2.5.3 神经氨酸酶抑制（NI）试验阳性；

2.5.4 静脉内接种致病指数（IVPI）大于 1.2 或用 0.2 mL 1∶10 稀释的无菌感染流感病毒的鸡胚尿囊液，经静脉注射接种 8 只 4~8 周龄的易感鸡，在接种后 10 天内，能致 6~7 只或 8 只鸡死亡，即死亡率≥75%；

2.5.5 对血凝素基因裂解位点的氨基酸序列测定结果与高致病性禽流感分离株基因序列相符（由国家参考实验室提供方法）。

2.6 结果判定

2.6.1 临床怀疑病例

符合流行病学特点和临床指标 2.2.1，且至少符合其他临床指标或病理指标之一的；

非免疫禽符合流行病学特点和临床指标 2.2.1 且符合血清学指标之一的。

2.6.2 疑似病例

临床怀疑病例且符合病原学指标 2.5.1、2.5.2、2.5.3 之一。

2.6.3 确诊病例

疑似病例且符合病原学指标 2.5.4 或 2.5.5。

3　疫情报告

3.1　任何单位和个人发现禽类发病急、传播迅速、死亡率高等异常情况，应及时向当地动物防疫监督机构报告。

3.2　当地动物防疫监督机构在接到疫情报告或了解可疑疫情情况后，应立即派员到现场进行初步调查核实并采集样品，符合2.6.1规定的，确认为临床怀疑疫情；

3.3　确认为临床怀疑疫情的，应在2个小时内将情况逐级报到省级动物防疫监督机构和同级兽医行政管理部门，并立即将样品送省级动物防疫监督机构进行疑似诊断；

3.4　省级动物防疫监督机构确认为疑似疫情的，必须派专人将病料送国家禽流感参考实验室做病毒分离与鉴定，进行最终确诊；经确认后，应立即上报同级人民政府和国务院兽医行政管理部门，国务院兽医行政管理部门应当在4个小时内向国务院报告；

3.5　国务院兽医行政管理部门根据最终确诊结果，确认高致病性禽流感疫情。

4　疫情处置

4.1　临床怀疑疫情的处置

对发病场（户）实施隔离、监控，禁止禽类、禽类产品及有关物品移动，并对其内、外环境实施严格的消毒措施。

4.2　疑似疫情的处置

当确认为疑似疫情时，扑杀疑似禽群，对扑杀禽、病死禽及其产品进行无害化处理，对其内、外环境实施严格的消毒措施，对污染物或可疑污染物进行无害化处理，对污染的场所和设施进行彻底消毒，限制发病场（户）周边 3 千米的家禽及其产品移动。

4.3　确诊疫情的处置

疫情确诊后立即启动相应级别的应急预案。

4.3.1　划定疫点、疫区、受威胁区

由所在地县级以上兽医行政管理部门划定疫点、疫区、受威胁区。

疫点：指患病动物所在的地点。一般是指患病禽类所在的禽场（户）或其他有关屠宰、经营单位；如为农村散养，应将自然村划为疫点。

疫区：由疫点边缘向外延伸 3 千米的区域划为疫区。疫区划分时，应注意考虑当地的饲养环境和天然屏障（如河流、山脉等）。

受威胁区：由疫区边缘向外延伸 5 千米的区域划为受威胁区。

4.3.2　封锁

由县级以上兽医主管部门报请同级人民政府决定对疫区实行封锁；人民政府在接到封锁报告后，应在 24 小时内发布封锁令，对疫区进行封锁：在疫区周围设置警示标志，在出入疫区的交通路口设置动物检疫消毒站，对出入的车辆和有关物品进行消毒。必要时，经省级人民政府批准，可设立临时监督检查站，执行对禽类的监督检查任务。

跨行政区域发生疫情的，由共同上一级兽医主管部门报请同级人民政府对疫区发布封锁令，对疫区进行封锁。

4.3.3　疫点内应采取的措施

4.3.3.1　扑杀所有的禽只，销毁所有病死禽、被扑杀禽及其禽类产品；

4.3.3.2　对禽类排泄物、被污染饲料、垫料、污水等进行无害化处理；

4.3.3.3　对被污染的物品、交通工具、用具、禽舍、场地进行彻底消毒。

4.3.4　疫区内应采取的措施

4.3.4.1　扑杀疫区内所有家禽，并进行无害化处理，同时销毁相应的禽类产品；

4.3.4.2　禁止禽类进出疫区及禽类产品运出疫区；

4.3.4.3　对禽类排泄物、被污染饲料、垫料、污水等按国家规定标准进行无害化处理；

4.3.4.4　对所有与禽类接触过的物品、交通工具、用具、禽舍、场地进行彻底消毒。

4.3.5　受威胁区内应采取的措施

4.3.5.1　对所有易感禽类进行紧急强制免疫，建立完整的免疫档案；

4.3.5.2　对所有禽类实行疫情监测，掌握疫情动态。

4.3.6　关闭疫点及周边13千米内所有家禽及其产品交易市场。

4.3.7　流行病学调查、疫源分析与追踪调查

追踪疫点内在发病期间及发病前21天内售出的所有家禽及其产品，并销毁处理。按照高致病性禽流感流行病学调查规范，

对疫情进行溯源和扩散风险分析。

4.3.8 解除封锁

4.3.8.1 解除封锁的条件

疫点、疫区内所有禽类及其产品按规定处理完毕 21 天以上，监测未出现新的传染源；在当地动物防疫监督机构的监督指导下，完成相关场所和物品终末消毒；受威胁区按规定完成免疫。

4.3.8.2 解除封锁的程序

经上一级动物防疫监督机构审验合格，由当地兽医主管部门向原发布封锁令的人民政府申请发布解除封锁令，取消所采取的疫情处置措施。

4.3.8.3 疫区解除封锁后，要继续对该区域进行疫情监测，6 个月后如未发现新病例，即可宣布该次疫情被扑灭。疫情宣布扑灭后方可重新养禽。

4.3.9 对处理疫情的全过程必须做好完整翔实的记录，并归档。

5 疫情监测

5.1 监测方法包括临床观察、实验室检测及流行病学调查。

5.2 监测对象以易感禽类为主，必要时监测其他动物。

5.3 监测的范围

5.3.1 对养禽场户每年要进行两次病原学抽样检测，散养禽不定期抽检，对于未经免疫的禽类以血清学检测为主；

5.3.2 对交易市场、禽类屠宰厂（场）、异地调入的活禽和禽产品进行不定期的病原学和血清学监测。

5.3.3 对疫区和受威胁区的监测

5.3.3.1 对疫区、受威胁区的易感动物每天进行临床观察，连续1个月，病死禽送省级动物防疫监督机构实验室进行诊断，疑似样品送国家禽流感参考实验室进行病毒分离和鉴定。

解除封锁前采样检测1次，解除封锁后纳入正常监测范围；

5.3.3.2 对疫区养猪场采集鼻腔拭子，疫区和受威胁区所有禽群采集气管拭子和泄殖腔拭子，在野生禽类活动或栖息地采集新鲜粪便或水样，每个采样点采集20份样品，用RT-PCR方法进行病原检测，发现疑似感染样品，送国家禽流感参考实验室确诊。

5.4 在监测过程中，国家规定的实验室要对分离到的毒株进行生物学和分子生物学特性分析与评价，密切注意病毒的变异动态，及时向国务院兽医行政管理部门报告。

5.5 各级动物防疫监督机构对监测结果及相关信息进行风险分析，做好预警预报。

5.6 监测结果处理

监测结果逐级汇总上报至中国动物疫病预防控制中心。发现病原学和非免疫血清学阳性禽，要按照《国家动物疫情报告管理办法》的有关规定立即报告，并将样品送国家禽流感参考实验室进行确诊，确诊阳性的，按有关规定处理。

6 免疫

6.1 国家对高致病性禽流感实行强制免疫制度，免疫密度必须达到100%，抗体合格率达到70%以上。

6.2　预防性免疫，按农业农村部制定的免疫方案中规定的程序进行。

6.3　突发疫情时的紧急免疫，按本规范有关条款进行。

6.4　所用疫苗必须采用农业农村部批准使用的产品，并由动物防疫监督机构统一组织、逐级供应。

6.5　所有易感禽类饲养者必须按国家制定的免疫程序做好免疫接种，当地动物防疫监督机构负责监督指导。

6.6　定期对免疫禽群进行免疫水平监测，根据群体抗体水平及时加强免疫。

7　检疫监督

7.1　产地检疫

饲养者在禽群及禽类产品离开产地前，必须向当地动物防疫监督机构报检，接到报检后，必须及时到户、到场实施检疫。检疫合格的，出具检疫合格证明，并对运载工具进行消毒，出具消毒证明，对检疫不合格的按有关规定处理。

7.2　屠宰检疫

动物防疫监督机构的检疫人员对屠宰的禽只进行验证查物，合格后方可入厂（场）屠宰。宰后检疫合格的方可出厂，不合格的按有关规定处理。

7.3　引种检疫

国内异地引入种禽、种蛋时，应当先到当地动物防疫监督机构办理检疫审批手续且检疫合格。引入的种禽必须隔离饲养21天以上，并由动物防疫监督机构进行检测，合格后方可混群饲养。

7.4　监督管理

7.4.1　禽类和禽类产品凭检疫合格证运输、上市销售。动物防疫监督机构应加强流通环节的监督检查，严防疫情传播扩散。

7.4.2　生产、经营禽类及其产品的场所必须符合动物防疫条件，并取得动物防疫合格证。

7.4.3　各地根据防控高致病性禽流感的需要设立公路动物防疫监督检查站，对禽类及其产品进行监督检查，对运输工具进行消毒。

8　保障措施

8.1　各级政府应加强机构队伍建设，确保各项防治技术落实到位。

8.2　各级财政和发改部门应加强基础设施建设，确保免疫、监测、诊断、扑杀、无害化处理、消毒等防治工作经费落实。

8.3　各级兽医行政部门动物防疫监督机构应按本技术规范，加强应急物资储备，及时演练和培训应急队伍。

8.4　在高致病性禽流感防控中，人员的防护按《高致病性禽流感人员防护技术规范》执行。

（附件略）

资料来源：中华人民共和国农业农村部《高致病性禽流感防治技术规范》等14个动物疫病防治技术规范。

狂犬病防治技术规范

狂犬病（Rabies）是由弹状病毒科狂犬病毒属狂犬病毒引起的人兽共患烈性传染病。我国将其列为二类动物疫病。

为了预防、控制和消灭狂犬病，依据《中华人民共和国动物防疫法》和其他有关法律法规，制定本技术规范。

1 适用范围

本规范规定了动物狂犬病的诊断、监测、疫情报告、疫情处理、预防与控制。

本规范适用于中华人民共和国境内一切从事饲养、经营动物和生产、经营动物产品，以及从事动物防疫活动的单位和个人。

2 诊断

2.1 流行特点

人和温血动物对狂犬病毒都有易感性，犬科、猫科动物最易感。发病动物和带毒动物是狂犬病的主要传染源，这些动物的唾液中含有大量病毒。本病主要通过患病动物咬伤、抓伤而感染，动物亦可通过皮肤或黏膜损伤处接触发病或带毒动物的唾液感染。

本病的潜伏期一般为6个月，短的为10天，长的可达1年以上。

2.2 临床特征

特征为狂躁不安、意识紊乱，死亡率可达100%。一般分为两种类型，即狂暴型和麻痹型。

2.2.1 犬

2.2.1.1 狂暴型 可分为前驱期、兴奋期和麻痹期。

前驱期：此期为半天到两天。病犬精神沉郁，常躲在暗处，不愿和人接近或不听呼唤，强迫牵引则咬畜主；食欲反常，喜吃异物，喉头轻度麻痹，吞咽时颈部伸展；瞳孔散大，反射机能亢进，轻度刺激即易兴奋，有时望空捕咬；性欲亢进，嗅舔自己或其他犬的性器官，唾液分泌逐渐增多，后躯软弱。

兴奋期：此期一般为2~4天。病犬高度兴奋，表现狂暴并常攻击人、动物，狂暴发作往往和沉郁交替出现。病犬疲劳时卧地不动，但不久又立起，表现一种特殊的斜视惶恐表情，当再次受到外界刺激时，又出现一次新的发作。狂乱攻击，自咬四肢、尾及阴部等。随病势发展，陷于意识障碍，反射紊乱，狂咬；动物显著消瘦，吠声嘶哑，眼球凹陷，散瞳或缩瞳，下颌麻痹，流涎和夹尾等。

麻痹期：一般为1~2天。麻痹急剧发展，下颌下垂，舌脱出口外，流涎显著，不久后躯及四肢麻痹，卧地不起，最后因呼吸中枢麻痹或衰竭而死。整个病程为6~8天，少数病例可延长到10天。

2.2.1.2 麻痹型 该型兴奋期很短或只有轻微兴奋表现即转入麻痹期。表现喉头、下颌、后躯麻痹、流涎、张口、吞咽困难和恐水等，经2~4天死亡。

2.2.2 猫

一般呈狂暴型，症状与犬相似，但病程较短，出现症状后2~4天死亡。在发病时常蜷缩在阴暗处，受刺激后攻击其他猫、动物和人。

2.2.3 其他动物

牛、羊、猪、马等动物发生狂犬病时，多表现为兴奋、性亢奋、流涎和具有攻击性，最后麻痹衰竭致死。

2.3 实验室诊断

实验室诊断可采用以下方法。

2.3.1 免疫荧光试验（见 GB/T 18639）

2.3.2 小鼠和细胞培养物感染试验（见 GB/T 18639）

2.3.3 反转录-聚合酶链式反应检测（RT-PCR）

2.3.4 内基氏小体（包涵体）检查（见 GB/T 18639）

2.4 结果判定

县级以上动物防疫监督机构负责动物狂犬病诊断结果的判定。

2.4.1 被发病动物咬伤或符合 2.2 特征的动物，判定为疑似患病动物。

2.4.2 具有 2.3.3 和 2.3.4 阳性结果之一的，判定为疑似患病动物。

2.4.3 具有 2.3.1 和 2.3.2 阳性结果之一的，判定为患病动物。

2.4.4 符合 2.4.1，且具有 2.3.3 和 2.3.4 阳性结果之一的，判定为患病动物。

3　疫情报告

3.1　任何单位和个人发现有本病临床症状或检测呈阳性结果的动物，应当立即向当地动物防疫监督机构报告。

3.2　当地动物防疫监督机构接到疫情报告并确认后，按《动物疫情报告管理办法》及有关规定上报。

4　疫情处理

4.1　疑似患病动物的处理

4.1.1　发现有兴奋、狂暴、流涎、具有明显攻击性等典型症状的犬，应立即采取措施予以扑杀。

4.1.2　发现有被患狂犬病动物咬伤的动物后，畜主应立即将其隔离，限制其移动。

4.1.3　经动物防疫监督机构诊断确认的疑似患病动物，当地人民政府应立即组织相关人员对患病动物进行扑杀和无害化处理，动物防疫监督机构应做好技术指导，并按规定采样、检测，进行确诊。

4.2　确诊后疫情处理

确诊后，县级以上人民政府畜牧兽医行政管理部门应当按照以下规定划定疫点、疫区和受威胁区，并向当地卫生行政管理部门通报。当地人民政府应组织有关部门采取相应疫情处置措施。

4.2.1　疫点、疫区和受威胁区的划分

4.2.1.1　疫点　圈养动物，疫点为患病动物所在的养殖场（户）；散养动物，疫点为患病动物所在自然村（居民小区）；在流通环节，疫点为患病动物所在的有关经营、暂时饲养或存放场所。

4.2.1.2　疫区　疫点边缘向外延伸 3 千米所在区域。疫区划分时注意考虑当地的饲养环境和天然屏障（如河流、山脉等）。

4.2.1.3　受威胁区　疫区边缘向外延伸 5 千米所在区域。

4.2.2　采取的措施

4.2.2.1　疫点处理措施　扑杀患病动物和被患病动物咬伤的其他动物，并对扑杀和发病死亡的动物进行无害化处理；对所有犬、猫进行一次狂犬病紧急强化免疫，并限制其流动；对污染的用具、笼具、场所等全面消毒。

4.2.2.2　疫区处理措施　对所有犬、猫进行紧急强化免疫；对犬圈舍、用具等定期消毒；停止所有犬、猫交易。发生重大狂犬病疫情时，当地县级以上人民政府应按照《重大动物疫情应急条例》和《国家突发重大动物疫情应急预案》的要求，对疫区进行封锁，限制犬类动物活动，并采取相应的疫情扑灭措施。

4.2.2.3　受威胁区处理措施　对未免疫犬、猫进行免疫；停止所有犬、猫交易。

4.2.2.4　流行病学调查及监测　发生疫情后，动物防疫监督机构应及时组织流行病学调查和疫源追踪；每天对疫点内的易感动物进行临床观察；对疫点内患病动物接触的易感动物进行一次抽样检测。

4.2.3　疫点、疫区和受威胁区的撤销

所有患病动物被扑杀并做无害化处理后，对疫点内易感动物连续观察 30 天以上，没有新发病例；疫情监测为阴性；按规定对疫点、疫区进行了终末消毒。符合以上条件，由原划定机关撤销疫点、疫区和受威胁区。动物防疫监督机构要继续对该地区进行定期疫情监测。

5　预防与控制

5.1　免疫接种

5.1.1　犬的免疫　对所有犬实行强制性免疫。对幼犬按照疫苗使用说明书要求及时进行初免，以后所有的犬每年用弱毒疫苗加强免疫一次。采用其他疫苗免疫的，按疫苗说明书进行。

5.1.2　其他动物的免疫　可根据当地疫情情况，根据需要进行免疫。

5.1.3　所有的免疫犬和其他免疫动物要按规定佩戴免疫标识，并发放统一的免疫证明，当地动物防疫监督部门要建立免疫档案。

5.2　疫情监测

每年对老疫区和其他重点区域的犬进行 1~2 次监测。采集犬的新鲜唾液，用 RT - PCR 方法或酶联免疫吸附试验（ELISA）进行检测。检测结果为阳性时，再采样送指定实验室进行复核确诊。

5.3　检疫

在运输或出售犬、猫前，畜主应向动物防疫监督机构申报检疫，动物防疫监督机构对检疫合格的犬、猫出具动物检疫合格证明；在运输或出售犬时，犬应具有狂犬病的免疫标识，畜主必须持有检疫合格证明。

犬、猫应从非疫区引进。引进后，应至少隔离观察 30 天，其间发现异常时，要及时向当地动物防疫监督机构报告。

5.4　日常防疫

养犬场要建立定期免疫、消毒、隔离等防疫制度；养犬、养猫户要注意做好圈舍的清洁卫生、并定期进行消毒，按规定及时进行狂犬病免疫。

（附件略）

资料来源：中华人民共和国农业农村部《高致病性禽流感防治技术规范》等 14 个动物疫病防治技术规范。

布鲁氏菌病防治技术规范

布鲁氏菌病（Brucellosis，也称布氏杆菌病，以下简称布病）是由布鲁氏菌属细菌引起的人兽共患的常见传染病。我国将其列为二类动物疫病。

为了预防、控制和净化布病，依据《中华人民共和国动物防疫法》及有关的法律法规，制定本规范。

1　适用范围

本规范规定了动物布病的诊断、疫情报告、疫情处理、防治措施、控制和净化标准。

本规范适用于中华人民共和国境内一切从事饲养、经营动物和生产、经营动物产品，以及从事动物防疫活动的单位和个人。

2　诊断

2.1　流行特点

多种动物和人对布鲁氏菌易感。

布鲁氏菌属的 6 个种和主要易感动物见附表 1。

附表 1　布鲁氏菌属的 6 个种和主要易感动物

种	主要易感动物
羊种布鲁氏菌（*Brucella melitensis*）	羊、牛
牛种布鲁氏菌（*Brucella abortus*）	牛、羊
猪种布鲁氏菌（*Brucella suis*）	猪
绵羊附睾种布鲁氏菌（*Brucella ovis*）	绵羊
犬种布鲁氏菌（*Brucella canis*）	犬
沙林鼠种布鲁氏菌（*Brucella neotomae*）	沙林鼠

布鲁氏菌是一种细胞内寄生的病原菌，主要侵害动物的淋巴系统和生殖系统。病畜主要通过流产物、精液和乳汁排菌，污染环境。

羊、牛、猪的易感性最强。母畜比公畜，成年畜比幼年畜发病多。在母畜中，第一次妊娠母畜发病较多。带菌动物，尤其是病畜的流产胎儿、胎衣是主要传染源。消化道、呼吸道、生殖道是主要的感染途径，也可通过损伤的皮肤、黏膜等感染。常呈地方性流行。

人主要通过皮肤、黏膜、消化道和呼吸道感染，尤其以感染羊种布鲁氏菌、牛种布鲁氏菌最为严重。猪种布鲁氏菌感染人较少见，犬种布鲁氏菌感染人罕见，绵羊附睾种布鲁氏菌、沙林鼠种布鲁氏菌基本不感染人。

2.2 临床症状

潜伏期一般为 14~180 天。

最显著症状是怀孕母畜发生流产，流产后可能发生胎衣滞留和子宫内膜炎，从阴道流出污秽不洁、恶臭的分泌物。新发病的畜群流产较多；老疫区畜群发生流产的较少，但发生子宫内膜炎、乳房炎、关节炎、胎衣滞留、久配不孕的较多。公畜往往发生睾丸炎、附睾炎或关节炎。

2.3 病理变化

主要病变为生殖器官的炎性坏死，脾、淋巴结、肝、肾等器官形成特征性肉芽肿（布病结节）。有的可见关节炎。胎儿主要呈败血症病变，浆膜和黏膜有出血点和出血斑，皮下结缔组织发生浆液性、出血性炎症。

2.4 实验室诊断

2.4.1 病原学诊断

2.4.1.1 显微镜检查　采集流产胎衣、绒毛膜水肿液、肝、脾、淋巴结、胎儿胃内容物等组织，制成抹片，用柯兹罗夫斯基染色法染色，镜检，布鲁氏菌为红色球杆状小杆菌，而其他菌为蓝色。

2.4.1.2 分离培养　新鲜病料可用胰蛋白胨琼脂面或血液琼脂斜面、肝汤琼脂斜面、3%甘油0.5%葡萄糖肝汤琼脂斜面等培养基培养；若为陈旧病料或污染病料，可用选择性培养基培养。培养时，一份在普通条件下，另一份放于含有 5%~10%

二氧化碳的环境中，37℃培养7~10天。然后进行菌落特征检查和单价特异性抗血清凝集试验。为使防治措施有更好的针对性，还需做种型鉴定。

如病料被污染或含菌极少时，可将病料用生理盐水稀释5~10倍，健康豚鼠腹腔内注射0.1~0.3 mL/只。如果病料腐败时，可接种于豚鼠的股内侧皮下。接种后4~8周，将豚鼠扑杀，从肝、脾分离培养布鲁氏菌。

2.4.2 血清学诊断

2.4.2.1 虎红平板凝集试验（RBPT）（见GB/T 18646）

2.4.2.2 全乳环状试验（MRT）（见GB/T 18646）

2.4.2.3 试管凝集试验（SAT）（见GB/T 18646）

2.4.2.4 补体结合试验（CFT）（见GB/T 18646）

2.5 结果判定

县级以上动物防疫监督机构负责布病诊断结果的判定。

2.5.1 具有2.1、2.2和2.3时，判定为疑似疫情。

2.5.2 符合2.5.1，且2.4.1.1或2.4.1.2阳性时，判定为患病动物。

2.5.3 未免疫动物的结果判定如下。

2.5.3.1 2.4.2.1或2.4.2.2阳性时，判定为疑似患病动物。

2.5.3.2 2.4.1.2或2.4.2.3或2.4.2.4阳性时，判定为患病动物。

2.5.3.3 符合2.5.3.1但2.4.2.3或2.4.2.4阴性时，30天后应重新采样检测，2.4.2.1或2.4.2.3或2.4.2.4阳性的判

定为患病动物。

3 疫情报告

3.1 任何单位和个人发现疑似疫情，应当及时向当地动物防疫监督机构报告。

3.2 动物防疫监督机构接到疫情报告并确认后，按《动物疫情报告管理办法》及有关规定及时上报。

4 疫情处理

4.1 发现疑似疫情，畜主应限制动物移动；对疑似患病动物应立即隔离。

4.2 动物防疫监督机构要及时派员到现场进行调查核实，开展实验室诊断。确诊后，当地人民政府组织有关部门按下列要求处理：

4.2.1 扑杀

对患病动物全部扑杀。

4.2.2 隔离

对受威胁的畜群（病畜的同群畜）实施隔离，可采用圈养和固定草场放牧两种方式隔离。

隔离饲养用草场，不要靠近交通要道，居民点或人畜密集的地区。场地周围最好有自然屏障或人工栅栏。

4.2.3 无害化处理

患病动物及其流产胎儿、胎衣、排泄物、乳、乳制品等按照《畜禽病害肉尸及其产品无害化处理规程》进行无害化处理。

4.2.4 流行病学调查及检测

开展流行病学调查和疫源追踪；对同群动物进行检测。

4.2.5 消毒

对患病动物污染的场所、用具、物品严格进行消毒。

饲养场的金属设施、设备可采取火焰、熏蒸等方式消毒；养畜场的圈舍、场地、车辆等，可选用2%烧碱等有效消毒药消毒；饲养场的饲料、垫料等，可采取深埋发酵处理或焚烧处理；粪便消毒采取堆积密封发酵方式。皮毛消毒用环氧乙烷、福尔马林熏蒸等。

4.2.6 发生重大布病疫情时，当地县级以上人民政府应按照《重大动物疫情应急条例》有关规定，采取相应的扑灭措施。

5 预防和控制

非疫区以监测为主；稳定控制区以监测净化为主；控制区和疫区实行监测、扑杀和免疫相结合的综合防治措施。

5.1 免疫接种

5.1.1 范围

疫情呈地方性流行的区域，应采取免疫接种的方法。

5.1.2 对象

免疫接种范围内的牛、羊、猪、鹿等易感动物。根据当地疫情，确定免疫对象。

5.1.3 疫苗选择

布病疫苗S2株（以下简称S2疫苗）、M5株（以下简称M5疫苗）、S19株（以下简称S19疫苗）以及经农业农村部批准生产的其他疫苗。

5.2 监测

5.2.1 监测对象和方法

监测对象：牛、羊、猪、鹿等动物。

监测方法：采用流行病学调查、血清学诊断方法，结合病原学诊断进行监测。

5.2.2 监测范围、数量

免疫地区：对新生动物、未免疫动物、免疫一年半或口服免疫一年以后的动物进行监测（猪可在口服免疫半年后进行）。监测至少每年进行一次，牧区县抽检300头（只）以上，农区和半农半牧区抽检200头（只）以上。

非免疫地区：监测至少每年进行一次。达到控制标准的牧区县抽检1 000头（只）以上，农区和半农半牧区抽检500头（只）以上；达到稳定控制标准的牧区县抽检500头（只）以上，农区和半农半牧区抽检200头（只）以上。

所有的奶牛、奶山羊和种畜每年应进行两次血清学监测。

5.2.3 监测时间

对成年动物监测时，猪、羊在5月龄以上，牛在8月龄以上，怀孕动物则在第1胎产后半个月至1个月进行；对S2、M5、S19疫苗免疫接种过的动物，在接种后18个月（猪接种后6个月）进行。

5.2.4 监测结果的处理

按要求使用和填写监测结果报告，并及时上报。

判断为患病动物时，按第4项规定处理。

5.3　检疫

异地调运的动物，必须来自非疫区，凭当地动物防疫监督机构出具的检疫合格证明调运。

动物防疫监督机构应对调运的种用、乳用、役用动物进行实验室检测。检测合格后，方可出具检疫合格证明。调入后应隔离饲养30天，经当地动物防疫监督机构检疫合格后，方可解除隔离。

5.4　人员防护

饲养人员每年要定期进行健康检查。发现患有布病的应调离岗位，及时治疗。

5.5　防疫监督

布病监测合格应为奶牛场、种畜场《动物防疫合格证》发放或审验的必备条件。动物防疫监督机构要对辖区内奶牛场、种畜场的检疫净化情况监督检查。

鲜奶收购点（站）必须凭奶牛健康证明收购鲜奶。

6　控制和净化标准

6.1　控制标准

6.1.1　县级控制标准

连续2年以上具备以下3项条件。

6.1.1.1　对未免疫或免疫18个月后的动物，牧区抽检3 000份血清以上，农区和半农半牧区抽检1 000份血清以上，用试管凝集试验或补体结合试验进行检测。

试管凝集试验阳性率：羊、鹿0.5%以下，牛1%以下，猪2%以下。

补体结合试验阳性率：各种动物阳性率均在 0.5% 以下。

6.1.1.2 抽检羊、牛、猪流产物样品共 200 份以上（流产物数量不足时，补检正常产胎盘、乳汁、阴道分泌物或屠宰畜脾脏），检不出布鲁氏菌。

6.1.1.3 患病动物均已扑杀，并进行无害化处理。

6.1.2 市级控制标准

全市所有县均达到控制标准。

6.1.3 省级控制标准

全省所有市均达到控制标准。

6.2 稳定控制标准

6.2.1 县级稳定控制标准

按控制标准的要求的方法和数量进行，连续 3 年以上具备以下 3 项条件。

6.2.1.1 羊血清学检查阳性率在 0.1% 以下、猪在 0.3% 以下；牛、鹿 0.2% 以下。

6.2.1.2 抽检羊、牛、猪等动物样品材料检不出布鲁氏菌。

6.2.1.3 患病动物全部扑杀，并进行了无害化处理。

6.2.2 市级稳定控制标准

全市所有县均达到稳定控制标准。

6.2.3 省级稳定控制标准

全省所有市均达到稳定控制标准。

6.3 净化标准

6.3.1 县级净化标准

按控制标准要求的方法和数量进行，连续 2 年以上具备以下 2 项条件。

6.3.1.1 达到稳定控制标准后，全县范围内连续两年无布病疫情。

6.3.1.2 用试管凝集试验或补体结合试验进行检测，全部阴性。

6.3.2 市级净化标准

全市所有县均达到净化标准。

6.3.3 省级净化标准

全省所有市均达到净化标准。

6.3.4 全国净化标准

全国所有省（市、自治区）均达到净化标准。

资料来源：中华人民共和国农业农村部《高致病性禽流感防治技术规范》等 14 个动物疫病防治技术规范。

附录 2　健康犬、猫常用生理数字

犬

平均寿命 10~20 年

性成熟年龄 6~12 月

性周期 126~240 天

妊娠期（58~63 天）

哺乳期 45~50 天

体温（直肠）幼犬 38.0~39.0℃

成犬 37.5~38.5℃

呼吸频率 10~30 次/分钟

心率　幼犬 80~120 次/分钟　成犬 68~80 次/分钟

尿液 pH 值 5.0~7.0（平均为 6.1）

猫

平均寿命 12 年（最高 30 年）

性成熟年龄 7~14 月

平均性周期 14 天

平均妊娠期 63 天（60~68 天）

产仔数 4 只（1~6 只）

哺乳期 60 天

体温（直肠）38.0~39.5℃

呼吸频率 15~32 次/分钟

心率 120~140 次/分钟（小猫 168 次/分钟）

尿量 200 毫升/天

尿液 pH 值 6.0~7.0

资料来源：北京中农大动物医院有限公司。

附录3 健康犬、猫血常规参考值（检测仪器：希森美康 XN 1000V）

犬血常规参考范围

中文名称	参考范围	单位
红细胞数	5.1~7.6	10^{12}/L
红细胞比容	35~52	%
血红蛋白含量	124~192	g/L
平均红细胞体积	60~71	fL
平均红细胞血红蛋白含量	22~26	pg
平均红细胞血红蛋白浓度	320~380	g/L
红细胞体积分布宽度-CV	13.2~19.1	%
网织红细胞血红蛋白含量	22.3~29.6	pg
网织红细胞百分比	0.3~2.4	%
网织红细胞绝对值	19.4~110	K/μL
有核红细胞百分比	0~5	%
有核红细胞绝对值		10^9/L
白细胞数	5.6~18.4	10^9/L
中性粒细胞绝对值	2.9~13.6	10^9/L
淋巴细胞绝对值	1.1~5.3	10^9/L
单核细胞绝对值	0.4~1.6	10^9/L
嗜酸性粒细胞绝对值	0.1~3.1	10^9/L
嗜碱性粒细胞绝对值	0~0.1	10^9/L
血小板数	148~484	K/μL

（续表）

中文名称	参考范围	单位
平均血小板体积	9.1~12.7	fL
血小板压积	0.14~0.46	%

猫血常规参考范围

中文名称	参考范围	单位
红细胞数	6.54~12.2	$10^{12}/L$
红细胞比容	30~52	%
血红蛋白含量	98~162	g/L
平均红细胞体积	33~55	fL
平均红细胞血红蛋白含量	11.5~17.5	pg
平均红细胞血红蛋白浓度	262~359	g/L
红细胞体积分布宽度-CV	13.8~21.1	%
网织红细胞血红蛋白含量	13.2~20.8	pg
网织红细胞百分比	0~1.2	%
网织红细胞绝对值	4~50	$K/\mu L$
有核红细胞百分比	0~5	%
有核红细胞绝对值		$10^9/L$
白细胞数	4.7~18.6	$10^9/L$
中性粒细胞绝对值	2.3~12.5	$10^9/L$
淋巴细胞绝对值	0.9~6.8	$10^9/L$
单核细胞绝对值	0.1~1.1	$10^9/L$
嗜酸性粒细胞绝对值	0.1~2.2	$10^9/L$
嗜碱性粒细胞绝对值	0~0.26	$10^9/L$
血小板数	151~600	$K/\mu L$
平均血小板体积	10~26	fL
血小板压积	0~0.79	%

资料来源：北京中农大动物医院有限公司。

附录4 健康犬、猫生化参考值（检测仪器：罗氏 Cobas c501）

犬生化参考范围

检验项目	参考值	单位
总胆红素（TBIL）	0~0.08	mg/dL
总蛋白（TP）	5.5~7.2	g/dL
白蛋白（ALB）	3.2~4.1	g/dL
球蛋白（GLB）	1.9~3.7	g/dL
白球比（A/G）	0.9~1.9	
葡萄糖（GLU）	68~104	mg/dL
谷氨酸氨基转移酶（ALT）	17~95	U/L
天门冬氨酸氨基转移酶（AST）	10~56	U/L
碱性磷酸酶（ALP）	7~115	U/L
γ-谷氨酰转肽酶（GGT）	0~8	U/L
总胆汁酸（TBA）	0~25	umol/L
尿素（UREA）	19~55.7	mg/dL
肌酐（CREA）	0.6~1.4	mg/dL
磷（P）	2.7~5.4	mg/dL
钙（Ca）	9.4~12.0	mg/dL
总胆固醇（CHOL）	136~392	mg/dL
甘油三酯（TG）	23~102	mg/dL
肌酸激酶（CK）	0~314	U/L

（续表）

检验项目	参考值	单位
钾（K）	4.1~5.4	mmol/L
钠（Na）	143~150	mmol/L
氯（CL）	106~114	mmol/L

猫生化参考范围

检验项目	参考值	单位
总胆红素（TBIL）	0~0.08	mg/dL
总蛋白（TP）	5.5~7.2	g/dL
白蛋白（ALB）	3.2~4.1	g/dL
球蛋白（GLB）	1.9~3.7	g/dL
白球比（A/G）	0.9~1.9	
葡萄糖（GLU）	68~104	mg/dL
谷氨酸氨基转移酶（ALT）	17~95	U/L
天门冬氨酸氨基转移酶（AST）	10~56	U/L
碱性磷酸酶（ALP）	7~115	U/L
γ-谷氨酰转肽酶（GGT）	0~8	U/L
总胆汁酸（TBA）	0~25	umol/L
尿素（UREA）	19~55.7	mg/dL
肌酐（CREA）	0.6~1.4	mg/dL
磷（P）	2.7~5.4	mg/dL
钙（Ca）	9.4~12.0	mg/dL
总胆固醇（CHOL）	136~392	mg/dL
甘油三酯（TG）	23~102	mg/dL
肌酸激酶（CK）	0~314	U/L
钾（K）	4.1~5.4	mmol/L
钠（Na）	143~150	mmol/L
氯（CL）	106~114	mmol/L

资料来源：北京中农大动物医院有限公司。

主要参考文献

KAHN C M，LINE S，2015. 默克兽医手册［M］. 10 版. 张
　仲秋，丁伯良，主译. 北京：中国农业出版社.

蔡宝祥，1993. 家畜传染病学［M］. 2 版. 北京：农业出
　版社.

陈为民，唐利军，2021. 人兽共患传染病［M］. 武汉：湖
　北科学技术出版社.

费恩阁，李德昌，丁壮，2004. 动物疫病学［M］. 北京：
　中国农业出版社.

李明，2011. 身边的健康杀手：人兽共患病［M］. 北京：
　中国农业出版社.

柳增善，卢士英，崔树森，2014. 人兽共患病学［M］. 北
　京：科学出版社.

楼永良，卢明芹，2015. 人兽共患病的检验诊断［M］. 北
　京：人民卫生出版社.

陆家海，栾玉明，2009. 影响人类健康的常见人兽共患病
　［M］. 广州：中山大学出版社.

秦川，2016. 我们身边的人兽共患病［M］. 北京：科学普

及出版社.

佘锐萍，高洪，2011. 兽医公共卫生与健康［M］. 北京：中国农业大学出版社.

史利军，2016. 常见人兽共患病特征与防控知识集要［M］. 北京：中国农业科学技术出版社.

史利军，刘锴，2011. 宠物源人兽共患病［M］. 北京：中国农业科学技术出版社.

解秀梅，2022. 宠物传染病［M］. 北京：中国农业出版社.

徐雪萍，2015. 人兽共患病防治手册［M］. 北京：金盾出版社.

赵彬，曹瑞，2020. 常见人兽共患病与养宠科学防护［M］. 北京：中国农业出版社.

祝俊杰，2005. 犬猫疾病诊疗大全［M］. 北京：中国农业出版社.